Generis

PUBLISHING

Théorème de Paley-Wiener Réels pour certaines transformations

Mohamed Moktar Chaffar

Title: Théorèmes q-Intégral

Author: Mohamed Moktar Chaffar

ISBN: 978-1-63902-005-8

Cover image: www.pixabay.com

Publisher: Generis Publishing

www.generis-publishing.com

Contact email: info@generis-publishing.com

Dr.Mohamed Moktar Chaffar
Professeur vacataire à l'université Paris-Est Créteil
et à l'Ecole d'ingénieurs Sup Galilée Université Sorbonne Paris Nord.

Biographie : Dr. Mohamed Moktar CHAFFAR est professeur de Mathématique au Lycée Georges Brassens Villeneuve-le-Roi - Lycée Montaleau Sucy-en-Brie France et Professeur vacataire à l'université Paris- Est Créteil Paris 12 et l'Ecole d'ingénieurs Sup Galilée Université Sorbonne Paris Nord. Titulaire d'un diplôme de Doctorat en Mathématiques, avec la mention très honorable, à la Faculté des Sciences de Tunis et d'un diplôme d'études approfondies (D.É.A) de Mathématiques Pures à l'université Pierre et Marie Curie-Paris VI - Institut de Mathématiques de Jussieu Paris-France.

Table of Contents

Introduction

Contrary to what is prevalent and as far as we go back in the history of mathematics, we can say that the Quantum Calculus, also called q-theory, was initiated in the 18th century, when Euler considered the infinite product $\pi_{k=1}^{\infty}\dfrac{1}{1-q^{k}}$ as a generating function for the number of partitions $p(n)$ of a positive integer n and Gauss undertook the study of the basic hypergeometric functions $_{2}\Phi_{1}$. Later on, the attentions of many mathematicians, such as E. Heine, J. Thomae, S. Ramanujan..., had been aroused by this theory and under their impulses, it had taken an independent status. Whereas, he was F. H. Jackson [13, 14], who began in the beginning of the twentieth century, to build this theory, in a systematic way by introducing the notions of q-derivative and q-integral, also called Jackson's q-derivative q-Jacksons integral. He, also, introduced several q-analogues of many special functions. We owe him, especially, a q-analogue of the Euler Gamma function and three q-analogues of the Bessel function, which were redesigned M. E. H. Ismail [11, 12] and studied by many authors namely, T. H. Koornwinder and R. Swarttouw [20].

Thanks to the Jacksons work the theory of Quantum calculus has become an active area of research and many schools have been developed, due to the role of this theory in many areas such as physics and quantum groups. For instance, using the q-Jackson's integral, many integral transforms, such as Laplace transform, Hankel transform, Mellin transform, and Rubin-Fourier transform, have been introduced and studied.

The classical Paley-Wiener theorem is a characterization, by relating support to growth, of the image of a space of functions under a transform of Fourier type. Starting with the original Paley-Wiener theorem [21], which describes the Fourier transform of L^2-functions on the real line with support in a symmetric interval as entire functions of exponential type whose restriction to the real line are L^2-functions, such results have proven to be a basic tool for transform in various set-ups. As a familiar example, using the classical Fourier transform $\mathcal{F}$, the Paley-Wiener space

$$PW_a = \left\{ f = \mathcal{F}(u) \in L^2(\mathbb{R}) \quad : \quad u \in L^2(\mathbb{R}), \quad supp(u) \subset [-a,a] \right\}, \quad a > 0$$

is composed of functions analytically extendable into complex plane as entire functions on $\mathbb{C}$ of exponential type at most a. In the literature, various proof of this result are known and various version are shown. Recently, Bang proved in [3] that for $a > 0$, PW_a is the space of infinitely differentiable functions on $\mathbb{R}$, such that

$$\forall n \in \mathbb{N}, f^{(n)} \in L^2(\mathbb{R}) \quad \text{and} \quad \lim_{n \to \infty} \|f^{(n)}\|_{L^2(\mathbb{R})}^{1/n} < a.$$

This opened the door to the so-called real Paley-Wiener theorems for different classical transforms (see [28], [2], [15], [1]), where the proofs use only real analysis techniques to give a description of such spaces.

The sampling theorem or Whittaker-Shannon-Kotelnotov theorem states that every element $f \in PW_a$ can be written as:

$$f(x) = \sum_{n=-\infty}^{\infty} f\left(\frac{\pi}{a}n\right) \frac{\sin(ax - \pi n)}{ax - \pi n},$$

which constitutes an important result and a remarkable contribution to the related research insofar that il allows to define and accordingly bring further precision to the sampling points, necessary as they really are to construct the function.

The main objective of our work is to generalize those results to some q-integral transforms. For instance, we are concerned with two types of the real Paley-Wiener theorem and a q-sampling formula for the q-Fourier-Rubin transform, and with many versions of the reel Paley-Wiener theorem for the modified q-Mellin transform.

This book is organized as follows:

In Chapter 1, we introduce the world of q-calculus and present some definitions, notations and formulae that will be used in the following chapters. Furthermore, we recall the definitions and some properties of some q-special functions used in the sequel. Next we recall some properties of some elements of the harmonic analysis associated with the q-Rubin's operator.

In Chapter 2, we give two real Paley-Wiener theorems and a q-sampling formula for the q-Fourier-Rubin transform introduced by L. Rubin in

[23, 24].

In Chapter 3, we introduce and study a modified q-Mellin transform, and we show a Plancherel formula as well as a Hausdorff-Young inequality for this transform. Next, new type Paley-Wiener theorems for the modified q-Mellin transform are established, using real variable methods.

In Chapter 4, we introduce and study some q-Sobolev type spaces by using the harmonic analysis associated with the q-Rubin operator. In particular, embedding theorems for these spaces are established. Next, we introduce the q-Rubin potential spaces and study some of their properties.

Elements of Quantum calculus

The main objective of this chapter is to introduce the world of the q-theory. It presents some definitions, notations and properties of the q-hypergeometric series that we will need in the following chapters. All these results can be found in [9] and [16]. Moreover, it recalls definitions and properties of some q-special functions used in the sequel.

This chapter is organized as follows: in Section 2, we recall the definition of the q-shifted factorial and the q-hypergeometric series, and we give some of their properties. Section 3 is devoted to study the notion of q-derivatives and q-integrals. In Section 4, we are interested with some q-special functions.

In this thesis, we will fix $q \in]0, 1[$ and we write :

$$\mathbb{R}_{q,+} = \{q^n : n \in \mathbb{Z}\}; \quad \mathbb{R}_q = \{\pm q^n : n \in \mathbb{Z}\}, \qquad (2.0.1)$$

$$\widetilde{\mathbb{R}}_q = \{\pm q^n \; : \; n \in \mathbb{Z}\} \cup \{0\}.$$

2.1   Definitions and notations

2.1.1   The q-shifted factorials

For $a \in \mathbb{C}$, the shifted factorial or Pochhammer symbol is defined by

$$(a)_0 = 1, \quad (a)_n = a(a+1)...(a+n-1), \quad n = 1, \ 2, ...$$

The q-shifted factorials are defined by

$$(a; q)_0 = 1, \quad (a; q)_n = \prod_{k=0}^{n-1}(1 - aq^k), \quad n = 1, 2, \ldots \tag{2.1.1}$$

$$(a; q)_\infty = \lim_{n \to +\infty} (a; q)_n = \prod_{k=0}^{\infty}(1 - aq^k). \tag{2.1.2}$$

We note for $a_1, a_2, \ldots, a_p \in \mathbb{C}$:

$$(a_1, a_2, \ldots, a_p; q)_n = (a_1; q)_n (a_2; q)_n \ldots (a_p; q)_n, \quad n = 0, 1, 2, 3, \ldots \infty. \tag{2.1.3}$$

Inspired by the relation

$$(a; q)_n = \frac{(a; q)_\infty}{(aq^n; q)_\infty}, \quad n \in \mathbb{N}, \tag{2.1.4}$$

it is natural to generalize the notion of the q-shifted factorial in the following way: for any number α, define

$$(a; q)_\alpha = \frac{(a; q)_\infty}{(aq^\alpha; q)_\infty}, \quad a \in \mathbb{C}. \tag{2.1.5}$$

In particular, for negative subscripts, the q-shifted factorials are defined by:

$$(a; q)_{-n} = \frac{(a; q)_\infty}{(aq^{-n}; q)_\infty} = \frac{1}{(aq^{-n}; q)_n} = \frac{(-q/a)^n q^{n(n-1)/2}}{(q/a; q)_n}, \quad n \in \mathbb{N}; \tag{2.1.6}$$

Using the fact that

$$\lim_{q \to 1^-} \frac{1 - q^a}{1 - q} = a,$$

we can see the q-shifted factorial (2.1.1) as a q-analogue of the Pochhammer symbol in view of the limit formula

$$\lim_{q \to 1^-} \frac{(q^a; q)_n}{(1-q)^n} = (a)_n. \tag{2.1.7}$$

We also denote

$$[x]_q = \frac{1 - q^x}{1 - q}, \qquad x \in \mathbb{C} \tag{2.1.8}$$

and

$$n!_q = \frac{(q; q)_n}{(1-q)^n}, \qquad n \in \mathbb{N}. \tag{2.1.9}$$

Remark that we have

$$n!_{q^{-1}} = q^{-\frac{n(n-1)}{2}} n!_q. \tag{2.1.10}$$

2.1.2 q-Hypergeometric series

The basic hypergeometric series or q-hypergeometric series (or q-series) is defined by

$$_r\phi_s \left[\begin{array}{c} a_1 \ ,..., \ a_r \\ \\ b_1 \ ,..., \ b_s \end{array} ; q, \ z \right] = \sum_{k=0}^{\infty} \frac{(a_1; q)_k...(a_r; q)_k}{(b_1; q)_k...(b_s; q)_k (q; q)_k} \left((-1)^k q^{\frac{k(k-1)}{2}} \right)^{1+s-r} z^k,$$

$$\tag{2.1.11}$$

where $r, s \in \mathbb{N}, a_1, ..., a_r, b_1, ..., b_s \in \mathbb{C}$ and $b_1, ..., b_s \neq 1, q^{-1}, q^{-2}, ...$. The series (2.1.11) will terminate if for some $i = 1, ..., r$, we have $a_i \in \{1, q^{-1}, q^{-2}, ...\}$. Because, if $a_i = q^{-n}, n \in \mathbb{N}$, then all terms in the series with $k > n$, will vanish.

In the non-vanishing case, the convergence radius of (2.1.11) is:

$$R = \begin{cases} \infty, & \text{if} \quad r < s + 1, \\ 1, & \text{if} \quad r = s + 1, \\ 0, & \text{if} \quad r > s + 1. \end{cases}$$

Owing to (2.1.7), we can see $_r\phi_s$ as an extension of $_r F_s$ by the formal termwise limit

$$\lim_{q\to 1^-} {}_r\phi_s \left[\begin{matrix} q^{a_1} & \cdots & q^{a_r} \\ & & \\ q^{b_1} & \cdots & q^{b_s} \end{matrix} \; ; q, \; (q-1)^{1+s-r}z \right] = {}_r F_s \left[\begin{matrix} a_1 & \cdots & a_r \\ & & \\ b_1 & \cdots & b_s \end{matrix} \; ; \; z \right].$$

$$(2.1.12)$$

Now, what explains the particular choice of the factor $((-1)^k q^{\frac{k(k-1)}{2}})^{1+s-r}$ in (2.1.11) is the fact that analogously to the hypergeometric functions, we have (see [18])

$$\lim_{a_r\to\infty} {}_r\phi_s \left[\begin{matrix} a_1 & \cdots & a_r \\ & & \\ b_1 & \cdots & b_s \end{matrix} \; ; q, \; \frac{z}{a_r} \right] = {}_{r-1}\phi_s \left[\begin{matrix} a_1 & \cdots & a_{r-1} \\ & & \\ b_1 & \cdots & b_s \end{matrix} \; ; q, \; z \right].$$

$$(2.1.13)$$

2.1.3 The q-binomial theorem

One of the most important summation formula for hypergeometric series is given by

$$_1 F_0(a; -; z) = \sum_{k=0}^{\infty} \frac{(a)_k}{k!} z^k = (1-z)^{-a}, \qquad |z| < 1. \qquad (2.1.14)$$

It is called the binomial theorem because, when $-a = n$ is a nonnegative integer and $z = -\dfrac{x}{y}$, it reduces to the binomial theorem for the nth power of the binomial $x + y$:

$$(x+y)^n = \sum_{k=0}^{n} \binom{n}{k} x^k y^{n-k} \qquad (2.1.15)$$

Since, by (2.1.7),

$$\lim_{q\to 1^-} \frac{(q^a; q)_k}{(q; q)_k} = \frac{(a)_k}{k!},$$

it is natural to consider what happens when the coefficient $\dfrac{(a)_k}{k!}$ of z^k in the series (2.1.14) is replaced by $\dfrac{(q^a;q)_k}{(q;q)_k}$ or more generally by $\dfrac{(a;q)_k}{(q;q)_k}$. A q-analogue of (2.1.14) is the so-called q-binomial theorem, which is given by the following proposition:

Proposition 2.1.1. *We have*

$$_1\phi_0(a;-;q,z) = \sum_{k=0}^{\infty} \frac{(a;q)_k}{(q;q)_k} z^k = \frac{(az;q)_\infty}{(z;q)_\infty}, \qquad |z|<1, \quad a \in \mathbb{C}. \quad (2.1.16)$$

In Particular

$$_1\phi_0(q^{-n};-;q,z) = (q^{-n}z;q)_n. \quad (2.1.17)$$

Proof.

It is easy to see that $h_a(z) = {}_1\phi_0(a;-;q,z)$ verifies

$$(1-z)h_a(z) = (1-az)h_a(qz).$$

Then the proof can be achieved by iteration and the use of the continuity of h_a at 0. ∎

The first consequence of the q-binomial theorem is the following formula:

$$_1\phi_0(a;-;q,z)\,_1\phi_0(b;-;q,az) =\,_1\phi_0(ab;-;q,z), \quad (2.1.18)$$

which is a q-analogue of $(1-z)^{-a}(1-z)^{-b} = (1-z)^{-a-b}$.
When comparing the coefficients of z^n in both sides of the equality (2.1.18), we get

$$\frac{(ab;q)_n}{(q;q)_n} = \sum_{k=0}^{n} \frac{(a;q)_{n-k}(b;q)_k}{(q;q)_{n-k}(q;q)_k} a^k, \quad (2.1.19)$$

which gives a q-analogue of (2.1.15) in the form

$$(ab;q)_n = \sum_{k=0}^{n} \binom{n}{k}_q (a;q)_{n-k}(b;q)_k a^k, \tag{2.1.20}$$

where

$$\binom{n}{k}_q = \frac{(q;q)_n}{(q;q)_{n-k}(q;q)_k}, \qquad k = 0, \ 1, \ \ldots, \ n$$

is the q-binomial coefficient.

We have the following relation

$$(-z;q)_n = \sum_{k=0}^{n} \binom{n}{k}_q q^{k(k-1)/2} z^k. \tag{2.1.21}$$

2.1.4 The q-hypergeometric function ${}_1\phi_1$

We recall that the q-hypergeometric function ${}_1\phi_1$ is defined by

$$_1\phi_1(0;w;q,z) = \sum_{k=0}^{\infty} \frac{(-1)^k q^{\frac{k(k-1)}{2}}}{(w;q)_k(q;q)_k} z^k$$

and satisfies the following properties:

Proposition 2.1.2. *(See [20])*

1. *For all $w, z \in \mathbb{C}$, we have*

$$(w;q)_\infty {}_1\phi_1(0;w;q,z) = (z;q)_\infty {}_1\phi_1(0;z;q,w).$$

   Both sides define an entire function in z and w, and they are majorized by

$$(-|z|;q)_\infty(-|w|;q)_\infty.$$

2. *For all $n \in \mathbb{N}$, we have*

$$(q^{1-n};q)_\infty {}_1\phi_1(0;q^{1-n};q,z) = (-z)^n q^{\frac{n(n-1)}{2}}(q^{1+n};q)_\infty {}_1\phi_1(0;q^{1+n};q,q^n z).$$

3. *For* $z, t \in \mathbb{C}$, *such that* $0 < |t| < |z|^{-1}$, *there is the absolutely convergent expansion*

$$
\begin{aligned}
\frac{(t^{-1}z; q)_\infty}{(tz; q)_\infty} &= \sum_{n=-\infty}^{\infty} t^n z^n \frac{(q^{n+1}; q)_\infty}{(q; q)_\infty} {}_1\phi_1(0; q^{n+1}; q, z^2) \\
&= \sum_{n=-\infty}^{\infty} t^n z^n \frac{(z^2; q)_\infty}{(q; q)_\infty} {}_1\phi_1(0; z^2; q, q^{n+1}).
\end{aligned}
$$
(2.1.22)

In [20], Koornwinder and Swarttouw derived a q-analogue of the Hansen-Lommel type orthogonality relations:

Proposition 2.1.3. *Let* $z \in \mathbb{C}$ *such that* $|z| < 1$. *Then for all* $n, m \in \mathbb{Z}$, *we have*

$$
\sum_{k=-\infty}^{+\infty} z^{k+n} \frac{(q^{n+k+1}; q)_\infty}{(q; q)_\infty} {}_1\phi_1(0, q^{n+k+1}; q; z^2) z^{k+m} \frac{(q^{m+k+1}; q)_\infty}{(q; q)_\infty} {}_1\phi_1(0, q^{m+k+1}; q; z^2) = \delta_{n,n}
$$
(2.1.23)

and

$$
\sum_{k=-\infty}^{+\infty} z^{k+n} \frac{(z^2; q)_\infty}{(q; q)_\infty} {}_1\phi_1(0, z^2; q; q^{n+k+1}) z^{k+m} \frac{(z^2; q)_\infty}{(q; q)_\infty} {}_1\phi_1(0, z^2; q; q^{m+k+1}) = \delta_{n,m},
$$
(2.1.24)

where the sums at the left-hand sides are absolutely convergent, uniformly on compact subsets of the open unit disk.

2.2 Jackson's q-Derivatives and q-Integrals

2.2.1 The Jackson's q-derivatives

The Jackson's q-derivative D_q (see [9, 16]) is defined by :

$$
\begin{cases}
D_q f(z) &= \dfrac{f(z) - f(qz)}{(1-q)z}, z \neq 0, \\
D_q f(0) &= \lim_{z \to 0} D_q f(z).
\end{cases}
$$
(2.2.1)

We also need a variant D_q^+, called forward q-derivative by:

$$\begin{cases} D_q^+ f(z) &= \dfrac{f(q^{-1}z) - f(z)}{(1-q)z}, \ z \neq 0, \\ D_q^+ f(0) &= \lim_{z \to 0} D_q^+ f(z). \end{cases} \quad (2.2.2)$$

Note that $\lim\limits_{q \to 1^-} D_q f(z) = \lim\limits_{q \to 1^-} D_q^+ f(z) = f'(z)$ whenever f is differentiable at z.

A repeated application of the operator D_q n times is denoted by:

$$D_q^0 f = f, \qquad D_q^{n+1} f = D_q(D_q^n f).$$

Similarly, a repeated application of the operator D_q^+ n times is denoted by:

$$\left(D_q^+\right)^0 f = f, \qquad \left(D_q^+\right)^{n+1} f = D_q^+ \left[\left(D_q^+\right)^n f\right].$$

Proposition 2.2.1. *(see [26])*

1. *For all real a,*

$$D_q^n[f(ax)] = a^n (D_q^n f)(ax). \quad (2.2.3)$$

2. *For all $n \in \mathbb{N}$,*

$$(D_q^n f)(x) = \frac{(-1)^n q^{-\frac{n(n-1)}{2}}}{(1-q)^n x^n} \sum_{k=0}^{n} \binom{n}{k}_q (-1)^k q^{\frac{k(k-1)}{2}} f(q^{n-k}x). \quad (2.2.4)$$

Recently, R. L. Rubin [23, 25] introduced a q-derivative operator ∂_q as follows

$$\begin{cases} \partial_q f(z) &= \dfrac{f(q^{-1}z) + f(-q^{-1}z) - f(qz) + f(-qz) - 2f(-z)}{2(1-q)z}, \ z \neq 0, \\ \partial_q f(0) &= \lim_{z \to 0} \partial_q f(z). \end{cases}$$

$$(2.2.5)$$

It is noteworthy that

$$\partial_q f = D_q^+ f_e + D_q f_o, \quad (2.2.6)$$

where

$$f_e(x) = \frac{f(x) + f(-x)}{2} \quad \text{and} \quad f_o(x) = \frac{f(x) - f(-x)}{2}$$

are respectively the even and the odd parts of f.

We note that if f is differentiable at x then $\partial_q f(x)$ tends as $q \to 1^-$ to $f'(x)$.

A repeated application of the q^2-analogue differential operator n times is denoted by:

$$\partial_q^0 f = f, \quad \partial_q^{n+1} f = \partial_q(\partial_q^n f).$$

The following lemma lists some useful computational properties of ∂_q, and reflects the sensitivity of this operator to the parity of its arguments. The proof is straightforward.

Lemma 2.2.1.

1) For all function f on $\mathbb{R}_q$, $\partial_q f(z) = \dfrac{f_e(q^{-1}z) - f_e(z)}{(1-q)z} + \dfrac{f_o(z) - f_o(qz)}{(1-q)z}$.

2) For two functions f and g on $\mathbb{R}_q$, we have

$$\partial_q(fg)(z) = q^{-1}(\partial_q f_o)(q^{-1}z)g_o(q^{-1}z) + q^{-1}f_o(z)(\partial_q g_o)(q^{-1}z)$$

$$+ (\partial_q f_o)(z)g_e(z) + qf_o(qz)(\partial_q g_e)(qz) + f_e(z)(\partial_q g_o)(z)$$

$$+ q(\partial_q f_e)(qz)g_o(qz) + (\partial_q f_e)(z)g_e(q^{-1}z) + f_e(z)(\partial_q g_e)(z).$$

$$(2.2.7)$$

Here, for a function f defined on $\mathbb{R}_q$, f_e and f_o are respectively, its even and odd parts.

2.2.2 The Jackson's q-integral

The Jackson's q-integrals from 0 to a, from 0 to $+\infty$ and from $-\infty$ to $+\infty$ are defined by (see [13], [16], [19], [18])

$$\int_0^a f(x)d_qx = (1-q)a \sum_{n=0}^{\infty} f(aq^n)q^n, \qquad (2.2.8)$$

$$\int_0^{\infty} f(x)d_qx = (1-q) \sum_{n=-\infty}^{\infty} f(q^n)q^n, \qquad (2.2.9)$$

$$\int_{-\infty}^{\infty} f(x)d_qx = (1-q) \sum_{n=-\infty}^{\infty} q^n f(q^n) + (1-q) \sum_{n=-\infty}^{\infty} q^n f(-q^n), \quad (2.2.10)$$

provided the sums converge absolutely, in such case, we also say that the function is q-integrable on the corresponding interval.

The q-Jackson integral in a generic interval $[a,b]$ is given by (see [13])

$$\int_a^b f(x)d_qx = \int_0^b f(x)d_qx - \int_0^a f(x)d_qx. \qquad (2.2.11)$$

In particular, for $a \in \mathbb{R}_{q,+}$,

$$\int_a^{\infty} f(x)d_qx = (1-q)a \sum_{n=-\infty}^{-1} q^n f(aq^n). \qquad (2.2.12)$$

Note that when f is continuous on $[0,a]$, it can be shown that

$$\lim_{q\to 1} \int_0^a f(x)d_qx = \int_0^a f(x)dx. \qquad (2.2.13)$$

The following results hold by direct computation.

Lemma 2.2.2. *If* $\int_{-\infty}^{\infty} f(x)d_qx$ *exists, then:*

1. for all integer n, $\int_{-\infty}^{\infty} f(q^n t)d_q t = q^{-n} \int_{-\infty}^{\infty} f(t)d_q t.$

2. f odd implies $\int_{-\infty}^{\infty} f(t)d_q t = 0.$

3. f even implies $\int_{-\infty}^{\infty} f(t)d_qt = 2\int_{0}^{\infty} f(t)d_qt.$

The following properties are direct easily verified.

Proposition 2.2.2.

(a) If F is any anti q-derivative of the function f, namely $D_qF = f$, continuous at $x = 0$, then

$$\int_{0}^{a} f(x)d_qx = F(a) - F(0). \qquad (2.2.14)$$

(b) For any function f, we have

$$D_q\left[\int_{0}^{x} f(t)d_qt\right] = f(x). \qquad (2.2.15)$$

(c) For any function f q-integrable on $(x; +\infty)$, $x \in \mathbb{R}_{q,+}$, we have

$$\int_{x}^{+\infty} f(t)d_qt = \lim_{\substack{b\to+\infty \\ b\in\mathbb{R}_q}} [F(b) - F(x)], \qquad (2.2.16)$$

where F is any anti q-derivative of f.

(d) For any function f q-integrable on $(x; +\infty)$, $x \in \mathbb{R}_{q,+}$, we have

$$D_q\left[\int_{x}^{+\infty} f(t)d_qt\right] = -f(x). \qquad (2.2.17)$$

The following simple result, giving q-analogues of the integration by parts theorem, for suitable functions f and g can be verified by direct calculation, (see [16], [18],[20]).

Lemma 2.2.3.

1) For $a < b$,

$$\int_{a}^{b} g(x)D_qf(x)d_qx = f(b)g(b) - f(a)g(a) - \int_{a}^{b} f(qx)D_qg(x)d_qx.$$
$$(2.2.18)$$

2) For $a < b$,

$$\int_a^b g(x)D_qf(x)d_qx = f(b)g(q^{-1}b) - f(a)g(q^{-1}a) - \int_a^b f(x)D_q^+g(x)d_qx.$$
(2.2.19)

3) For $a > 0$,

$$\int_{-a}^a (\partial_q f)(x)g(x)d_qx = 2\left[f_e(q^{-1}a)g_o(a) + f_o(a)g_e(q^{-1}a)\right] - \int_{-a}^a f(x)(\partial_q g)(x)d_qx.$$
(2.2.20)

4) If $\displaystyle\int_{-\infty}^{\infty} (\partial_q f)(x)g(x)d_qx$ exists, then

$$\int_{-\infty}^{\infty} (\partial_q f)(x)g(x)d_qx = -\int_{-\infty}^{\infty} f(x)(\partial_q g)(x)d_qx.$$
(2.2.21)

Proposition 2.2.3. *(see [16])*

The q-analogue of the integration theorem by change of variables is given when $u(x) = \alpha x^\beta$, $\alpha \in \mathbb{C}$ and $\beta > 0$, as follows

$$\int_{u(a)}^{u(b)} f(u)d_qu = \int_a^b f(u(x))D_{q^{\frac{1}{\beta}}}u(x)d_{q^{\frac{1}{\beta}}}x.$$
(2.2.22)

The following result is a direct consequence of the previous proposition.

Lemma 2.2.4. *If $\displaystyle\int_{-\infty}^{\infty} f(t)d_qt$ exists, then for all $a \in \mathbb{R}_q$, $\displaystyle\int_{-\infty}^{\infty} f(at)d_qt = |a|^{-1}\int_{-\infty}^{\infty} f(t)d_qt.$*

2.3 Elementary q-special functions

2.3.1 q-Trigonometric and q-exponential functions

In [20], Koornwinder and Swarttouw introduced two new q-trigonometric functions by

$$\cos(x; q^2) := {}_1\phi_1(0, q; q^2; q^2(1-q)^2z^2) = \sum_{n=0}^{\infty}(-1)^nb_{2n}(x; q^2), \quad (2.3.1)$$

and

$$\sin(x; q^2) := z \; _1\phi_1(0, q^3; q^2; q^2(1-q)^2 z^2) = \sum_{n=0}^{\infty}(-1)^n b_{2n+1}(x; q^2), \quad (2.3.2)$$

where

$$b_n(x; q^2) = \frac{q^{[\frac{n}{2}]([\frac{n}{2}]+1)}}{n!_q} x^n \quad (2.3.3)$$

and $[x]$ is the integer part of $x \in \mathbb{R}$.

The two Euler's q-exponential functions are given by (see [9])

$$exp_q(z) := \sum_{n=0}^{\infty} \frac{z^n}{n!_q}, \quad (2.3.4)$$

$$Exp_q(z) := \sum_{n=0}^{\infty} \frac{q^{\frac{n(n-1)}{2}} z^n}{n!_q}. \quad (2.3.5)$$

Note that the function $Exp_q(z)$ is entire on $\mathbb{C}$. But for the convergence of the first series, we need $|z| < 1$; however, because of its product representation, exp_q is continuable to a meromorphic function on $\mathbb{C}$ with simple poles at $z = \dfrac{q^{-n}}{1-q}$, $n \in \mathbb{N}$.

It is easy to verify that

$$exp_q(z) Exp_q(-z) = 1, \quad D_q exp_q(x) = exp_q(x), \quad D_q Exp_q(x) = Exp_q(qx).$$

We have (see [9])

$$\lim_{q\to 1^-} exp_q(z) = \lim_{q\to 1^-} Exp_q(z) = e^z, \quad (2.3.6)$$

where e^z is the classical exponential function.

In [25], Rubin introduced a new q-analogue of the classical exponential function:

$$e(z; q^2) = \cos(-iz; q^2) + i \sin(-iz; q^2), \quad (2.3.7)$$

It is an entire function on $\mathbb{C}$ and when q tends to 1, it tends to the classical exponential function pointwise and uniformly on compacts.

Note that we have for all $x \in \mathbb{R}_q$ (see [23])

$$|\cos(x;q^2)| \leq \frac{1}{(q;q)_\infty}, \quad |\sin(x;q^2)| \leq \frac{1}{(q;q)_\infty}$$

and

$$|e(ix;q^2)| \leq \frac{2}{(q;q)_\infty}. \tag{2.3.8}$$

Furthermore, we have the following result (see[23]).

Lemma 2.3.1.

$$\partial_q \cos(z;q^2) = -\sin(z;q^2), \quad z \in \mathbb{C}; \tag{2.3.9}$$

$$\partial_q \sin(z;q^2) = \cos(z;q^2), \quad z \in \mathbb{C}; \tag{2.3.10}$$

$$\partial_q e(z;q^2) = e(z;q^2), \quad z \in \mathbb{C}. \tag{2.3.11}$$

Proof.

We have (see(2.2.6))

$$\partial_q(f) = D_q^+ f_e + D_q f_o$$

therefore

$$\partial_q(x^{2n+1}) = D_q(x^{2n+1}) = [2n+1]_q x^{2n}$$

and

$$\partial_q(x^{2n}) = D_q^+(x^{2n}) = q^{-2n}[2n]_q x^{2n}$$

where

$$\partial(\sin(x;q^2)) = \sum_{n=0}^{\infty}(-1)^n \frac{q^{n(n+1)}}{(2n+1)_q!}\partial(x^{2n+1})$$

$$= \sum_{n=0}^{\infty}(-1)^n \frac{q^{n(n+1)}}{(2n+1)_q!}[2n+1]_q x^{2n} \tag{2.3.12}$$

$$= \sum_{n=0}^{\infty}(-1)^n \frac{q^{n(n+1)}}{(2n)_q!}x^{2n}$$

and

$$\partial(\cos(x;q^2)) = \sum_{n=1}^{\infty}(-1)^n\frac{q^{n(n+1)}}{(2n)_q!}\partial(x^{2n})$$

$$= \sum_{n=1}^{\infty}(-1)^n\frac{q^{n(n+1)}}{(2n)_q!}q^{-2n}[2n]_q x^{2n-1}$$

$$= \sum_{n=1}^{\infty}(-1)^n\frac{q^{n(n-1)}}{(2n-1)_q!}x^{2n-1} \qquad (2.3.13)$$

$$= -\sum_{n=0}^{\infty}(-1)^n\frac{q^{n(n-1)}}{(2n+1)_q!}x^{2n+1}$$

$$= -\sin(x;q2)$$

∎

2.3.2 The q-Gamma function

Jackson defined the q-Gamma function by (see [13])

$$\Gamma_q(x) = \frac{(q;q)_\infty}{(q^x;q)_\infty}(1-q)^{1-x}, \quad x \neq 0, -1, -2, ... \qquad (2.3.14)$$

It is a q-analogue of the classical Euler's Gamma function

$$\lim_{q\to 1^-}\Gamma_q(x) = \Gamma_q(x), \quad \Re(x) > 0$$

and satisfies the following properties

$$\Gamma_q(x+1) = [x]_q\Gamma_q(x), \quad \Gamma_q(1) = 1, \qquad (2.3.15)$$

The q-Gamma function has the following q-integral representation

$$\Gamma_q(s) = \int_0^{\frac{1}{1-q}} t^{s-1}Exp_q(-qt)d_qt. \qquad (2.3.16)$$

In the particular case, $\dfrac{Log(1-q)}{Log(q)} \in \mathbb{Z}$, we get

$$\Gamma_q(s) = \int_0^{\infty} t^{s-1}Exp_q(-qt)d_qt. \qquad (2.3.17)$$

A q-analogue of Legendre's duplication formula (see [9]) is given by

$$\Gamma_q(2x)\Gamma_{q^2}(\frac{1}{2}) = (1+q)^{2x-1}\Gamma_{q^2}(x)\Gamma_{q^2}(x+\frac{1}{2}).$$

2.3.3 The q-analogues of the Bessel function

In the beginning of the 20th century, Jackson gave three q-analogues of the Bessel function, which were denoted by M. E. H. Ismail (see [11], [12]) as:

$$J_\nu^{(1)}(z;q^2) = \frac{z^\nu}{2^\nu(1-q^2)^\nu\Gamma_{q^2}(\nu+1)} \; {}_2\phi_1(0,0;q^{2\nu+2};q^2,-\frac{z^2}{4}); \quad (2.3.18)$$

$$J_\nu^{(2)}(z;q^2) = \frac{z^\nu}{2^\nu(1-q^2)^\nu\Gamma_{q^2}(\nu+1)} \; {}_0\phi_1(-;q^{2\nu+2};q^2,-\frac{q^{2\nu+2}z^2}{4}) \quad (2.3.19)$$

and

$$J_\nu^{(3)}(z;q^2) = J_\nu(z;q^2) = \frac{z^\nu}{(1-q^2)^\nu\Gamma_{q^2}(\nu+1)} \; {}_1\phi_1(0;q^{2\nu+2};q^2,q^2z^2).$$
$$(2.3.20)$$

These functions have received much attention due to their importance in the study of representation of the quantum groups of plane motions (see[17]).

Formally we have

$$\lim_{q\to 1^-} J_\nu^{(i)}((1-q^2)z;q^2) = J_\nu(z), \quad i = 1,2$$

and

$$\lim_{q\to 1^-} J_\nu^{(3)}((1-q)z;q^2) = J_\nu(z).$$

Using the the relation (2.1.13) and the q-binomial theorem, we can prove easily that the two q-Bessel functions $J_\nu^{(1)}$ and $J_\nu^{(2)}$ can be simply expressed in terms of each other:

$$J_\nu^{(1)}(z;q^2) = (-\frac{z^2}{4};q^2)_\infty \; J_\nu^{(2)}(z;q^2).$$

So, the researches concern only the functions $J_\nu^{(2)}$ and $J_\nu^{(3)}$. In this thesis, we shall follow the idea of T. H. Koornwinder who began the construction of a harmonic analysis based on the function $J_\nu^{(3)}$ (see [20]) and we will use J_ν instead of $J_\nu^{(3)}$.

Using the q-hypergeometric function $_1\phi_1$, the normalized third Jackson's q-Bessel function of order α is defined as (see [4])

$$j_\alpha(x; q^2) =_1 \phi_1(0; q^{2\alpha+2}; q^2, q^2((1-q)x)^2). \qquad (2.3.21)$$

Note that if we impose that the parameter q satisfies the condition

$$1 - q = q^{2l}, \quad l \in \mathbb{Z}, \qquad (2.3.22)$$

then we have the following result:

Lemma 2.3.2. *(see [4]) For* $\alpha \geq -\dfrac{1}{2}$,

$$\forall m \in \mathbb{Z}, \quad |j_\alpha(\pm q^m; q^2)| \leq \frac{(-q^2; q^2)_\infty (-q^{2\alpha+2}; q^2)_\infty}{(q^{2\alpha+2}; q^2)_\infty} \begin{cases} 1 & if \quad m + 2l \geq 0 \\ q^{(m+2l)^2} & if \quad m + 2l \leq 0, \end{cases}$$

where the integer l *is the integer defined in the previous result.*

We have the relations

$$\cos(x; q^2) = \frac{(1-q)^{\frac{1}{2}}(q^2; q^2)_\infty}{(q; q^2)_\infty} z^{\frac{1}{2}} J_{-\frac{1}{2}}((1-q)z; q^2) = j_{-\frac{1}{2}}(z; q^2)$$

and

$$\sin(x; q^2) = \frac{(1-q)^{\frac{1}{2}}(q^2; q^2)_\infty}{(q; q^2)_\infty} z^{\frac{1}{2}} J_{\frac{1}{2}}((1-q)z; q^2) = z j_{\frac{1}{2}}(z; q^2),$$

where $\cos(x; q^2)$ and $\sin(x; q^2)$ are the q-trigonometric functions defined by (2.3.1) and (2.3.2), respectively.

Then, the Rubin's q-exponential function can be rewritten as

$$e(z; q^2) = j_{-\frac{1}{2}}(iz; q^2) + z j_{\frac{1}{2}}(iz; q^2). \qquad (2.3.23)$$

2.4 Spaces and norms

In this thesis, we use the following spaces:

- $C_q^p(\mathbb{R}_q)$ the space of functions f p times q-differentiable on $\widetilde{\mathbb{R}}_q$ such that for all $0 \leq n \leq p$, $\partial_q^p f$ is continuous on $\widetilde{\mathbb{R}}_q$.

- $\mathcal{E}_q(\mathbb{R}_q)$ the space of functions f defined on $\mathbb{R}_q$, satisfying

$$\lim_{x \to 0} \partial_q^n f(x) \quad (\text{ in } \quad \mathbb{R}_q) \qquad \text{exists.}$$

We provide it with the topology defined by the semi norms $P_{n,a}$, $n \in \mathbb{N}$, $a \geq 0$, given by

$$P_{n,a}(f) = \sup \left\{ |\partial_q^k f(x)|; 0 \leq k \leq n; x \in [-a, a] \cap \mathbb{R}_q \right\}.$$

- $\mathcal{E}_{*,q}(\mathbb{R}_q)$ the subspace of $\mathcal{E}_q(\mathbb{R}_q)$ constituted of even functions.

- $S_q(\mathbb{R}_q)$ the space of functions f defined on $\mathbb{R}_q$ satisfying

$$\forall n, m \in \mathbb{N}, \qquad P_{n,m,q}(f) = \sup_{x \in \mathbb{R}_q} | x^m \partial_q^n f(x) | < +\infty$$

and

$$\lim_{x \to 0} \partial_q^n f(x) \quad (\text{ in } \quad \mathbb{R}_q) \qquad \text{exists.}$$

- $S'_q(\mathbb{R}_q)$ the space of tempered distributions on $\mathbb{R}_q$. It is the topological dual of $S_q(\mathbb{R})$.

- $S_{*,q}(\mathbb{R}_q)$ the subspace of $S_q(\mathbb{R}_q)$ constituted of even functions.

- $\mathcal{D}_q(\mathbb{R}_q)$ the space of functions defined on $\mathbb{R}_q$ with compact supports.

- $\mathcal{D}_{*,q}(\mathbb{R}_q)$ the subspace of $\mathcal{D}_q(\mathbb{R}_q)$ constituted of even functions.

- $\mathcal{C}_{q,0}(\mathbb{R}_q)$ the space of the restrictions on $\mathbb{R}_q$ of smooth functions, continuous at 0 and vanishing at ∞, equipped with the induced topology of uniform convergence.

- For $p > 0$, $L_q^p(\mathbb{R}_q) = \left\{ f : \|f\|_{p,q} = \left(\int_{-\infty}^{\infty} |f(x)|^p d_q x \right)^{\frac{1}{p}} < \infty \right\},$

- For $p > 0$, $L_q^p(\mathbb{R}_{q,+}) = \left\{ f : \|f\|_{L_q^p(\mathbb{R}_{q,+})} = \left(\int_0^\infty |f(x)|^p d_q x \right)^{\frac{1}{p}} < \infty \right\}$,

- For $p > 0$, $L_q^p([-a, a]) = \left\{ f : \int_{-a}^a |f(x)|^p d_q x < \infty \right\}$

- $L_q^\infty(\mathbb{R}_q) = \left\{ f : \|f\|_{\infty,q} = \sup_{x \in \mathbb{R}_q} |f(x)| < \infty \right\}$,

- $L_q^\infty(\mathbb{R}_{q,+}) = \left\{ f : \|f\|_{L_q^\infty(\mathbb{R}_{q,+})} = \sup_{x \in \mathbb{R}_{q,+}} |f(x)| < \infty \right\}$.

2.5 Elements of q-harmonic analysis related to the Rubin's operator ∂_q

2.5.1 Fourier-Rubin transform

Throughout this section, we impose that the parameter q satisfies the condition

$$\frac{Log(1 - q)}{Log(q)} \in 2\mathbb{Z}. \tag{2.5.1}$$

In [24], R. L. Rubin defined the q-Rubin Fourier transform as

$$\mathcal{F}_q f(x) = K \int_{-\infty}^\infty f(t) e(-itx; q^2) d_q t, \tag{2.5.2}$$

where $K = \dfrac{(1+q)^{\frac{1}{2}}}{2\Gamma_{q^2}\left(\frac{1}{2}\right)}$ and $\Gamma_q(x) = \dfrac{(q; q)_\infty}{(q^x; q)_\infty}(1 - q)^{1-x}$ is the q-Gamma function.

Note that letting $q \uparrow 1$ subject to the condition 2.5.1 gives, at least formally, the classical Fourier transform (see [20]). It was shown in [24] that the q-Rubin Fourier transform $\mathcal{F}_q$ verifies the following properties:

1) If $f(u)$, $uf(u) \in L_q^1(\mathbb{R}_q)$, then $\partial_q (\mathcal{F}_q f)(x) = \mathcal{F}_q(-iuf(u))(x)$.

2) If $f,\ \partial_q f \in L_q^1(\mathbb{R}_q)$, then

$$\mathcal{F}_q(\partial_q f)(x) = ix\mathcal{F}_q(x) \qquad (2.5.3)$$

In the following theorem, we give some useful results.

Theorem 2.5.1. *For $f \in L_q^1(\mathbb{R}_q)$, we have*

i)$\mathcal{F}_q(f)$ is continuous on $\widetilde{\mathbb{R}_q}$.

ii)$\mathcal{F}_q(f)$ is bounded on $\mathbb{R}_q$ and we have

$$\|\mathcal{F}_q\|_{\infty,q} \leq \frac{(1+q)^{\frac{1}{2}}}{\Gamma_{q^2}\left(\frac{1}{2}\right)(q;q)_\infty}\|f\|_{1,q}. \qquad (2.5.4)$$

iii) We have the following reciprocity theorem

$$\forall t \in \mathbb{R}_q, \quad f(t) = K\int_{-\infty}^{\infty} \mathcal{F}_q f(x)e(itx;q^2)d_q x. \qquad (2.5.5)$$

Proof.

Using the relation (2.3.8), we obtain, for $f \in L_q^1(\mathbb{R}_q)$ and all $x, t \in \mathbb{R}_q$,

$$
\begin{aligned}
|\mathcal{F}_q f| &= |K\int_{-\infty}^{\infty} f(t)e(-itx;q^2)d_q t| \\
&\leq K\int_{-\infty}^{\infty} |f(t)e(-itx;q^2)|d_q t \\
&\leq \frac{2}{(q;q)_\infty}\frac{(1+q)^{\frac{1}{2}}}{2\Gamma_{q^2}\left(\frac{1}{2}\right)}\int_{-\infty}^{\infty} |f(t)|d_q t \\
&\leq \frac{(1+q)^{\frac{1}{2}}}{\Gamma_{q^2}\left(\frac{1}{2}\right)(q;q)_\infty}\|f\|_{1,q}.
\end{aligned}
$$

With this inequality we obtain i) and ii).

iii) Using [[23], theorem 3, e)] and [[23], property 2, c)], one can prove easily the following orthogonality relation:

$$\int_{-\infty}^{\infty} e(-i\lambda x;q^2)e(i\lambda y;q^2)d_q\lambda = \frac{1}{K^2(1-q)|xy|^{1/2}}\delta_{x,y}.$$

The result follows from this relation and Fubuni's theorem. ∎

From this theorem and the previous two properties of the q-Rubin Fourier transform, one can prove the following result.

Corollary 2.5.1. *The function* $f \mapsto \mathcal{F}_q(f)$ *is an isomorphism from* $\mathcal{S}_q(\mathbb{R}_q)$ *onto itself.*

Proof.

We begin by proving that $\mathcal{F}_q$ lives $\mathcal{S}_q(\mathbb{R}_q)$ invariant.

From the definition of $\mathcal{S}_q(\mathbb{R}_q)$ and the properties of the operator ∂_q (Lemma 2.2.1), one can easily see that $\mathcal{S}_q(\mathbb{R}_q)$ is also the set of all functions defined on $\mathbb{R}_q$, such that for all $k, l \in \mathbb{N}$, we have

$$\sup_{x \in \mathbb{R}_q} \left| \partial_q^k \left(x^l f(x) \right) \right| < \infty \quad \text{and} \quad \lim_{x \to 0} \partial_q^k f(x) \quad \text{exists.}$$

Now, let $f \in \mathcal{S}_q(\mathbb{R}_q)$ and $k, l \in \mathbb{N}$. On the one hand, from the properties of the operator ∂_q, we have for all $n \in \mathbb{N}$, $\partial_q^n f \in \mathcal{S}_q(\mathbb{R}_q) \subset L_q^1$.

On the other hand, from the relation (2.5.3), we have

$$
\begin{aligned}
\lambda^l \mathcal{F}(f)(\lambda) &= (-i)^l \mathcal{F}_q(\partial_q^l f)(\lambda) \\
&= (-i)^l K \int_{-\infty}^{\infty} \partial_q^l f(x) e(-i\lambda x; q^2) d_q x.
\end{aligned}
$$

So, using the relation (2.3.8), we obtain for all $\lambda \in \mathbb{R}_q$,

$$
\begin{aligned}
\left| \partial_q^k (\lambda^l \mathcal{F}_q(f)(\lambda)) \right| &= \left| (-i)^l \frac{c_{a,q}}{2} \int_{-\infty}^{\infty} \partial_q^l f(x) \partial_q^k e(-i\lambda x; q^2) d_q x \right| \\
&\leq \frac{2 c_{a,q}}{(q;q)_{\infty}} \int_{-\infty}^{\infty} |\partial_q^l f(x)| d_q x < \infty.
\end{aligned}
$$

This together with the Lebesgue theorem prove that $\mathcal{F}_q(f)$ belongs to $\mathcal{S}_q(\mathbb{R}_q)$.

By Theorem 2.5.1, we deduce that $\mathcal{F}_q$ is an isomorphism of $\mathcal{S}_q(\mathbb{R}_q)$ onto itself and for $f \in \mathcal{S}_q(\mathbb{R}_q)$, we have $(\mathcal{F}_q)^{-1}(f)(x) = \mathcal{F}_q(f)(-x)$, $x \in \mathbb{R}_q$.

In [23], we find the following Plancheral theorem

Theorem 2.5.2. $\mathcal{F}_q$ *is an isomorphism from $L_q^2(\mathbb{R}_q)$ onto itself. For $f \in L_q^2(\mathbb{R}_q)$,*

$$\|\mathcal{F}_q\|_{2,q} = \|f\|_{2,q} \tag{2.5.6}$$

and

$$\forall t \in \mathbb{R}_q, \quad f(t) = K \int_{-\infty}^{\infty} \mathcal{F}_q(x)e(itx; q^2)d_qx. \tag{2.5.7}$$

2.5.2 The q-translation Operator

The q-translation operator $\tau_{q,x}$, $x \in \widetilde{\mathbb{R}}_q$ is defined (see [23]) on $L_q^1(\mathbb{R}_q)$ by

$$\tau_{q,x}(f)(y) = K \int_{-\infty}^{\infty} \mathcal{F}_q(f)(t)e(itx; q^2)e(ity; q^2)d_qt, \quad y \in \mathbb{R}_q, \tag{2.5.8}$$

$$\tau_{q,0}(f)(y) = f(y). \tag{2.5.9}$$

It was shown in [23] that the q-translation can be also defined on $L_q^2(\mathbb{R}_q)$ and we have the following result.

Proposition 2.5.1. *For all $f \in L_q^2(\mathbb{R}_q)$, we have $\tau_{q,x}f \in L_q^2(\mathbb{R}_q)$ and*

$$\|\tau_{q,x}f\|_{2,q} = \frac{2}{(q;q)_\infty} \leq \|f\|_{2,q}, \quad x \in \widetilde{\mathbb{R}}_q. \tag{2.5.10}$$

Furthermore, it verifies the following properties.

Proposition 2.5.2. *For $f, g \in L_q^1(\mathbb{R}_q)$, we have*

i) $\tau_{q,x}(f)(y) = \tau_{q,y}(f)(x)$, $x, y \in \mathbb{R}_q$.

ii) $\int_{-\infty}^{\infty} \tau_{q,x}(f)(-y)g(y)d_qy = \int_{-\infty}^{\infty} f(y)\tau_{q,x}(g)(-y)d_qy$, $x \in \widetilde{\mathbb{R}}_q$.

iii)

$$\mathcal{F}_q(\tau_{q,x}f)(\lambda) = e(i\lambda x; q^2)\mathcal{F}_q(f)(\lambda), \quad x \in \widetilde{\mathbb{R}}_q. \tag{2.5.11}$$

iv) $\partial_q \tau_{q,x} f = \tau_{q,x} \partial_q f, \quad x \in \tilde{\mathbb{R}}_q.$

By using the generalized translation, we define the generalized convolution product $f *_q g$ of functions $f, g \in S_q(\mathbb{R}_q)$ as follows:

$$f *_q g = K \int_{-\infty}^{\infty} \tau_{q,x} f(y) g(y) d_q y. \tag{2.5.12}$$

Proposition 2.5.3. *For $f, g \in S_q(\mathbb{R}_q)$, we have*

$$\mathcal{F}_q(f *_q g) = \mathcal{F}_q(f)\mathcal{F}_q(g). \tag{2.5.13}$$

Proposition 2.5.4. *Let $1 \le p, n, r \le \infty$ such that $\dfrac{1}{p} + \dfrac{1}{n} - \dfrac{1}{r} = 1$. If $f \in L_q^p(\mathbb{R}_q)$ and $g \in L_q^n(\mathbb{R}_q)$, then $f *_q g \in L_q^r(\mathbb{R}_q)$ and*

$$\|f *_q g\|_{L_q^r(\mathbb{R}_q)} \le C \|f\|_{L_q^p(\mathbb{R}_q)} \|g\|_{L_q^n(\mathbb{R}_q)} \tag{2.5.14}$$

Definition 2.5.1. The q-Rubin transform of a distribution u in $S'_q(\mathbb{R}_q)$ is defined by

$$\langle \mathcal{F}_q(u), \varphi \rangle = \langle u, \mathcal{F}_q(\varphi) \rangle \ \ u \in S'_q(\mathbb{R}_q), \ \varphi \in S_q(\mathbb{R}_q) \tag{2.5.15}$$

For u be in $S'_q(\mathbb{R}_q)$, we define the distribution $\partial_q u$, by

$$\langle \partial_q u, \psi \rangle = -\langle u, \partial_q \psi \rangle, \ \ forall \ \psi \in S_q(\mathbb{R}_q). \tag{2.5.16}$$

These distributions satisfy the following property

$$\forall p \in \mathbb{N}, u \in S'_q(\mathbb{R}_q), \ \ \mathcal{F}_q(\partial_q^p u) = (-iy)^p \mathcal{F}_q(u). \tag{2.5.17}$$

Proposition 2.5.5. *The q-Rubin transform $\mathcal{F}_q$ is a topological isomorphism from $S'_q(\mathbb{R}_q)$ onto itself.*

30

Real Paley-Wiener theorems for the q-Rubin Fourier transform

This Chapter gives two real Paley-Wiener theorems and a q-sampling formula for the q-Rubin Fourier transform introduced by L. Rubin in [23, 24].

3.1 Introduction

The classical Paley-Wiener theorem states that the Paley-Wiener space

$$PW_a = \left\{ f \in L^2(\mathbb{R}) \quad : \quad f(x) = \int_{-a}^{a} e^{-ixt} u(t) dt, \quad u \in L^2([-a, a]) \right\}, \quad a > 0$$

is composed of functions with an analytic continuation to the complex plane as entire functions on $\mathbb{C}$ of exponential type at most a. In the literature, various proofs of this result are known and various versions are shown.

Recently, there has been a great interest in real Paley-Wiener theorems for certain integral transforms (see [28], [2], [15], [1]), using real analysis techniques to give a description of these spaces. For instance, in [3],

Bang proved that for $a > 0$, PW_a is the space of infinitely differentiable functions on $\mathbb{R}$, such that

$$\forall n \in \mathbb{N}, f^{(n)} \in L^2(\mathbb{R}) \quad \text{and} \quad \lim_{n \to \infty} \|f^{(n)}\|_{L^2(\mathbb{R})}^{1/n} < \infty.$$

In [2], a class of Paley-Wiener theorems for subspaces of the Schwartz space was obtained. In particular, the author proved that a smooth function f is supported in $[-R, R]$ if and only if its q-Rubin Fourier transform $\mathcal{F}_q$ is a Schwartz function satisfying

$$\sup_{x \in \mathbb{R}, \; n \in \mathbb{N}} R^{-n} n^{-N} (1 + |x|)^N \left| \mathcal{F}_q^{(n)}(x) \right| < \infty.$$

In [1, 7], we find some basic analogue versions of the Paley-Wiener theorems for some q-integral transforms.

Our purpose in this chapter is to derive two real Paley-Wiener theorems for the q-Rubin Fourier transform $\mathcal{F}_q$ introduced and studied in [23, 24]. The first uses techniques developed in [28], in order to describe the image, under $\mathcal{F}_q$, of the space of square q-integrable functions on $[-a, a]$. This leads to a q-sampling formula associated with $\mathcal{F}_q$ using q^n, $n \in \mathbb{Z}$ as sampling points. The second describes the image, under $\mathcal{F}_q$, of the space of compactly supported q-smooth functions domain.

3.2 Real Paley-Wiener theorem for L^2-functions

For $a \in \mathbb{R}_{q,+}$, we introduce the Paley-Wiener space $PW_{q,a}$ as

$$PW_{q,a} = \left\{ f \in \mathcal{E}_q(\mathbb{R}_q) : \forall n \in \mathbb{N}, \partial_q^n f \in L_q^2(\mathbb{R}_q) \text{ and } \lim_{n \to +\infty} \|\partial_q^n f\|_{2,q}^{\frac{1}{n}} \le a \right\}.$$

$$(3.2.1)$$

Let us begin by the following useful lemma.

Lemma 3.2.1. *If $x^n F(x) \in L_q^2(\mathbb{R}_q)$ for all $n \in \mathbb{N}$, then*

$$\lim_{n \to +\infty} \left[\int_{-\infty}^{+\infty} x^{2n} \mid F(x) \mid^2 d_q x \right]^{\frac{1}{2n}} = \sup_{\lambda \in suppF \cap \mathbb{R}_q} \mid \lambda \mid .$$

Proof.

Assume that F is with compact support and put $\delta = \sup\limits_{\lambda \in suppF \cap \mathbb{R}_q} \mid \lambda \mid$.

We have, since $\delta \in \mathbb{R}_{q,+}$,

$$\int_{-\infty}^{+\infty} x^{2n} \mid F(x) \mid^2 d_q x = \int_{-\delta}^{\delta} x^{2n} \mid F(x) \mid^2 d_q x$$
$$\leq \delta^{2n} \int_{-\delta}^{\delta} \mid F(x) \mid^2 d_q x.$$

Hence,

$$\limsup_{n \to +\infty} \left[\int_{-\infty}^{+\infty} x^{2n} \mid F(x) \mid^2 d_q x \right]^{\frac{1}{2n}} \leq \delta \limsup_{n \to +\infty} \left[\int_{-\delta}^{+\delta} \mid F(x) \mid^2 d_q x \right]^{\frac{1}{2n}} = \delta.$$

On the other hand, for any $\epsilon > 0$, we have $\int_{-\infty}^{+\infty} \chi_{[\delta-\epsilon,\delta]} \mid F(x) \mid^2 d_q x > 0$.

Therefore

$$\liminf_{n \to +\infty} \left[\int_{-\infty}^{+\infty} x^{2n} \mid F(x) \mid^2 d_q x \right]^{\frac{1}{2n}} \geq \liminf_{n \to +\infty} \left[\int_{-\infty}^{+\infty} x^{2n} \chi_{[\delta-\epsilon,\delta]} \mid F(x) \mid^2 d_q x \right]^{\frac{1}{2n}}$$
$$\geq (\delta - \epsilon) \liminf_{n \to +\infty} \left[\int_{-\infty}^{+\infty} \chi_{[\delta-\epsilon,\delta]} \mid F(x) \mid^2 d_q x \right]^{\frac{1}{2n}} = \delta$$

Since $\epsilon > 0$ is arbitrary we obtain

$$\lim_{n \to +\infty} \left[\int_{-\infty}^{+\infty} x^{2n} \mid F(x) \mid^2 d_q x \right]^{\frac{1}{2n}} = \delta.$$

Assume now that F is not with compact support, then for any large integer N, we have

$$\int_{|x|>q^{-N}} |F(x)|^2 d_q x > 0.$$

So,

$$\lim_{n \to \infty} \left(\int_{-\infty}^{\infty} x^{2n} |F(x)|^2 d_q x \right)^{1/2n} \geq q^{-N} \lim_{n \to \infty} \left(\int_{|x|>q^{-N}} |F(x)|^2 d_q x \right)^{1/2n} =$$

q^{-N}.

Since N is arbitrary, we obtain

$$\lim_{n\to\infty} \left(\int_{-\infty}^{\infty} x^{2n} |F(x)|^2 d_q x \right)^{1/2n} = +\infty.$$

■

The main result of this section is the following.

Theorem 3.2.1. *For any* $a \in \mathbb{R}_{q,+}$, *the* q-*Fourier transform* $\mathcal{F}_q$ *is a bijection from* $L_q^2([-a,a])$ *onto* $PW_{q,a}$.

Proof.

Let $g \in L_q^2([-a,a])$ and put

$$h = \begin{cases} g & \text{on } [-a,a] \\ 0 & \text{on } \mathbb{R}_q \backslash [-a,a]. \end{cases}$$

It is easy to see that for all $n \in \mathbb{N}$, we have $u \mapsto u^n h(u)$ belongs to $L_q^1(\mathbb{R}_q) \cap L_q^2(\mathbb{R}_q)$.

So, Theorem 2.5.2 shows that there exists $f \in L_q^2(\mathbb{R}_q)$ such that

$$f(x) = \mathcal{F}_q(g) = \mathcal{F}_q(h) = K \int_{-\infty}^{+\infty} h(t)e(-itx, q^2)d_q t. \qquad (3.2.2)$$

A repeated application of the operator ∂_q to the identity (3.2.2) gives

$$(\partial_q^n f)(x) = (-i)^n \mathcal{F}_q(u^n h)(x), \quad n = 0, 1, \ldots. \qquad (3.2.3)$$

So, Theorem 2.5.1 implies that $f \in \mathcal{E}_q(\mathbb{R}_q)$ and $(\partial_q^n f) \in L_q^2(\mathbb{R}_q), n \in \mathbb{N}$. Moreover, from Theorem 2.5.2, we obtain

$$\|(\partial_q^n f)\|_{2,q}^2 = \|(u^n h)\|_{2,q}^2 = \int_{-\infty}^{+\infty} u^{2n} |h(u)|^2 d_q u. \qquad (3.2.4)$$

By using Lemma 5.3.1, we get

$$\lim_{n \to +\infty} \|(\partial_q^n f)\|_{2,q}^{\frac{1}{2n}} = \sup_{\lambda \in supp(h) \cap \mathbb{R}_q} |\lambda| = a \qquad (3.2.5)$$

and $f = g \in PW_{q,a}$.

Conversely, let $f \in PW_{q,a}$. Then, we have

$$f(x) = K \int_{-\infty}^{+\infty} \mathcal{F}_q(f)(t) e(itx, q^2) d_q t \qquad (3.2.6)$$

and

$$\partial_q^n f(x) = (i)^n K \int_{-\infty}^{+\infty} t^n \mathcal{F}_q(f)(t) e(itx, q^2) d_q t. \qquad (3.2.7)$$

Using Theorem 2.5.2, we obtain

$$\|\partial_q^n (f)\|_{2,q}^2 = \|t^n \mathcal{F}_q(f)\|_{2,q}^2 = \int_{-\infty}^{+\infty} t^{2n} |\mathcal{F}_q(f)(t)|^2 d_q t. \qquad (3.2.8)$$

Finally, by Lemma 5.3.1, we deduce that $\mathcal{F}_q(f) \in L_q^2([-a, a])$. ∎

Remark We have for all $a \in \mathbb{R}_{q,+}$,

$$PW_{q,a} = \left\{ f : \forall x \in \mathbb{R}_q, f(x) = K \int_{-a}^{a} g(t) e(-ixt; q^2) d_q t, \; g \in L_q^2([-a, a]) \right\}.$$

Then any $f \in PW_{q,a}$ is extendable to an entire function on $\mathbb{C}$ and there is a constant $C_{f,a}$, such that

$$\forall z \in \mathbb{C}, \; |f(z)| \le C_{f,a} e(a|z|; q^2).$$

Indeed, if $f \in PW_{q,a}$, then there exists $g \in L_q^2([-a, a])$ such that

$$\forall x \in \mathbb{R}_q, f(x) = K \int_{-a}^{a} g(t) e(-ixt; q^2) d_q t.$$

By using the fact that g is also in $L_q^1([-a, a])$ and the relation

$$e(y; q^2) = \sum_{n=0}^{\infty} c_n y^n, \quad \text{with} \quad c_{2n} = \frac{q^{n(n+1)}}{[2n]_q!} \quad \text{and} \quad c_{2n+1} = \frac{q^{n(n+1)}}{[2n+1]_q!},$$
$$(3.2.9)$$

we can exchange the order of the sum and the integral signs in

$$\forall x \in \mathbb{R}_q, \ f(x) = K \int_{-a}^{a} g(t) \sum_{n=0}^{\infty} c_n(-ixt)^n d_q t$$

and obtain

$$\forall x \in \mathbb{R}_q, \ f(x) = K \sum_{n=0}^{\infty} \left(\int_{-a}^{a} g(t) c_n(-it)^n d_q t \right) x^n,$$

which proves that f is extendable as an entire function on $\mathbb{C}$.

On the other hand for all $z \in \mathbb{C}$, we have

$$|f(z)| = \left| K \int_{-a}^{a} g(t) e(-izt; q^2) d_q t \right| \leq \left(K \int_{-a}^{a} |g(t)| \, d_q t \right) e(a|z|; q^2).$$

Let us now, state a related q-sampling formula. We begin by the following lemma.

Lemma 3.2.2. *Let $a \in \mathbb{R}_{q,+}$ and put $F(x, y) = \int_{-a}^{a} e(ixt; q^2) e(-iyt; q^2) d_q t$. Then,*

1) For all $x \in \mathbb{R}_q$, $y \mapsto F(x, y)$ is entire.

2) For $x, y \in \mathbb{C}$, such that $x \neq y$, we have

$$F(x, y) = \frac{2 \left[\cos(yaq^{-1}; q^2) \sin(xa; q^2) - \cos(xaq^{-1}; q^2) \sin(ya; q^2) \right]}{x - y}.$$

$$(3.2.10)$$

Proof.

1) Let $x \in \mathbb{R}_q$. Since $e(-iyt; q^2) = \sum_{n=0}^{\infty} c_n(-iyt)^n$ with $c_{2n} = \dfrac{q^{n(n+1)}}{[2n]_q!}$ and

$c_{2n+1} = \dfrac{q^{n(n+1)}}{[2n+1]_q!}$, then

$$F(x, y) = \int_{-a}^{a} \sum_{n=0}^{\infty} c_n(-i)^n y^n t^n e(ixt; q^2) d_q t. \qquad (3.2.11)$$

From (2.3.8), we obtain

$$\forall n \in \mathbb{N}, \ \forall y \in \mathbb{C}, \ \forall t \in [-a, a] \cap \mathbb{R}_q, \quad |c_n(-i)^n y^n t^n e(ixt; q^2)| \leq \frac{2 c_n |ya|^n}{(q; q)_\infty}.$$

It is easy to show that the right hand side of the previous inequality is the general term of a convergent series, so, we can exchange the order of the sum and the q-integral signs in (3.2.11) and obtain:

$$F(x,y) = \sum_{n=0}^{\infty} \left(c_n(-i)^n \int_{-a}^{a} t^n e(ixt; q^2) d_q t \right) y^n, \ \forall y \in \mathbb{C}.$$

2) follows from the fact that $\partial_{q,t}(e(ixt; q^2)) = ixe(ixt; q^2)$ and Lemma 2.2.3. ■

Theorem 3.2.2. *For $a \in \mathbb{R}_{q,+}$ and a q-integrable function $f \in PW_{q,a}$, we have for all $y \in \mathbb{C}\backslash\mathbb{R}_q$,*

$$f(y) = 2K^2(1-q) \left\{ \sum_{n=-\infty}^{\infty} q^n f(q^n) \frac{[\cos(yaq^{-1}; q^2)\sin(q^n a; q^2) - \cos(aq^{n-1}; q^2)\sin(ya; q^2)}{q^n - y} \right.$$
$$\left. + \sum_{n=-\infty}^{\infty} q^n f(-q^n) \frac{[\cos(yaq^{-1}; q^2)\sin(q^n a; q^2) + \cos(aq^{n-1}; q^2)\sin(ya; q^2)}{q^n + y} \right.$$

$$(3.2.12)$$

Proof.

Let $f \in PW_{q,a}$ q-integrable on $\mathbb{R}_q$ and put

$$h(z) = K^2 \int_{-\infty}^{\infty} f(y) \left(\int_{-a}^{a} e(iyt; q^2)e(-izt; q^2) d_q t \right) d_q y.$$

On the one hand, by the previous remark, f is entire on $\mathbb{C}$ and by Theorem 2.5.2, we have for all $x \in \mathbb{R}_q$,

$$f(x) = h(x).$$

On the other hand, from the expansion of the Rubin's q-exponential function $e(.; q^2)$ given by (3.2.9), the hypothesis $f \in L_q^1(\mathbb{R}_q)$ and the

Fubini's theorem, we have h is entire on $\mathbb{C}$ and for all $z \in \mathbb{C}$,

$$h(z) = \sum_{n=0}^{\infty} c_n \left(\int_{-\infty}^{\infty} \int_{-a}^{a} (-it)^n e(iyt; q^2) f(y) d_q t d_q y \right) z^n.$$

Finally, f and h are two entire functions on $\mathbb{C}$ and $f = h$ on $\mathbb{R}_q$, so by the analyticity theorem $f = h$ everywhere on $\mathbb{C}$. Lemma 3.2.2 and the definition of the Jackson's q-integral achieve the proof. ∎

3.3 Real Paley-Wiener theorem for functions in the q-Schwartz space

For $N \in \mathbb{N}, \;\; N \geq 2$, we define the real Paley-Wiener space pw_q^N by

$$pw_q^N = \left\{ f \in S_q(\mathbb{R}_q) : \exists a \in \mathbb{R}_+, \;\; \text{such that} \sup_{\substack{x \in \mathbb{R}_q, n \in \mathbb{N} \\ n \geq N}} a^{-n} A_{n,N,q} (1+ \mid x \mid)^N \mid \partial_q^n f(x) \mid < \infty \right\}$$

where $A_{n,N,q} = \dfrac{(1-q)^N}{(q^n; q^{-1})_N}$.

Theorem 3.3.1. *For $N \in \mathbb{N}, \;\; N \geq 2$, the q-Rubin Fourier transform $\mathcal{F}_q$ is a bijection from $\mathcal{D}_q(\mathbb{R}_q)$ onto pw_q^N.*

Proof.

Let $f \in pw_q^N$. There exists $a \in \mathbb{R}_+$ and a constant $C_{a,N}$ such that for all $x \in \mathbb{R}_q$ and all integer $n \geq N$

$$\mid \partial_q^n f(x) \mid \leq C_{a,N} a^n \frac{1}{A_{n,N,q}} \frac{1}{(1+ \mid x \mid)^N}. \tag{3.3.1}$$

Fix $x \in \mathbb{R}_q$ outside of $[-a, a]$. We have

$$\partial_q^n \mathcal{F}_q(f)(-x) = (-ix)^n \mathcal{F}_q(f)(-x),$$

so

$$\mathcal{F}_q(f)(-x) = \frac{1}{(-ix)^n} K \int_{-\infty}^{+\infty} \partial_q^n f(t) e(itx; q^2) d_q t.$$

By using the relations (2.3.8) and (3.3.1), we obtain for all integer $n \geq N$,

$$| \mathcal{F}_q(f)(-x) | \leq C'_{a,N} \left(\frac{a}{|x|} \right)^n \frac{1}{A_{n,N,q}} \int_{-\infty}^{+\infty} \frac{1}{(1+|t|)^N} d_q t.$$

Since $|x| > a$, the right hand side of the previous inequality tends to zero as n tends to $+\infty$. Then $\mathcal{F}_q(f)(-x) = 0$. This proves that $supp \mathcal{F}_q^{-1}(f) \subset [-a, a]$.

Finally, the fact that $f \mapsto \mathcal{F}_q(f)$ is an isomorphism of $\mathcal{S}_q(\mathbb{R}_q)$ onto itself implies that

$$\mathcal{F}_q^{-1}(f) \in \mathcal{D}_q([-a, a]) \subset \mathcal{D}_q(\mathbb{R}_q).$$

Conversely, let $f \in \mathcal{D}_q(\mathbb{R}_q)$. There exist then $R \in \mathbb{R}$ such that $supp f \subset [-R, R]$. We have for $x \in \mathbb{R}_q$ and integer $n \geq N$,

$$\partial_{q,x}^n \mathcal{F}_q(f)(x) = (-i)^n K \int_{-\infty}^{+\infty} t^n f(t) e(-itx; q^2) d_q t.$$

So, by q-integrations by parts, we have for $p \leq N$,

$$\begin{aligned}
x^p \partial_{q,x}^n \mathcal{F}_q(f)(x) &= (-i)^n K \int_{-\infty}^{+\infty} t^n f(t) x^p e(-itx; q^2) d_q t \\
&= (-i)^{n-p} K \int_{-\infty}^{+\infty} t^n f(t) \partial_{q,t}^p e(-itx; q^2) d_q t \\
&= (-i)^{n-p} K \int_{-\infty}^{+\infty} \partial_{q,t}^p (t^n f(t)) e(-itx; q^2) d_q t.
\end{aligned}$$

On the other hand, by the use of Lemma 2.2.1, a straightforward calculation gives

$$\partial_q(t^{2n} f(t)) = \left(\frac{t}{q} \right)^{2n-1} \frac{1-q^{2n}}{q(1-q)} \left[\frac{1-q}{1-q^{2n}} q^{2n} t \partial_q f(t) + (1-q) q^{2n} f_o(qt) + (1-q) f_e(qt) \right]$$

and
$$\partial_q(t^{2n+1}f(t)) = \left(\frac{t}{q}\right)^{2n}\frac{1-q^{2n+1}}{q(1-q)} \times$$
$$\left[(1-q)f_o(q^{-1}t) + \frac{1-q}{1-q^{2n+1}}q^{2n}t\partial_q f_o(q^{-1}t) + (1-q)q^{2n+1}f_e(t) + \frac{1-q}{1-q^{2n+1}}q^{4n+3}t\partial_q f_e(qt)\right].$$

Since $f_o(t) = \dfrac{f(t) - f(-t)}{2}$, $f_e(t) = \dfrac{f(t) + f(-t)}{2}$ and $0 \le \dfrac{1-q}{1-q^{n+1}}q^n \le$
1, we deduce that

$$\partial_q^p(t^n f(t)) = t^{n-p}(-1)^p\frac{(q^{-n},q)_p}{(1-q)^p}f_p(t),$$

where f_p is a function such that $supp f_p \subset [-q^{-p}R, q^{-p}R]$, and

$$\|f_p\|_\infty \le C\sum_{k=0}^{p}\|\partial_q^k f\|_\infty. \tag{3.3.2}$$

Therefore,

$$\mid \partial_q^p(t^n f(t)) \mid \le C\mid t\mid^{n-p}\frac{|(q^{-n},q)_p|}{(1-q)^p}\sum_{k=0}^{p}\|\partial_q^k f\|_\infty. \tag{3.3.3}$$

Furthermore, we have
$$\left|\int_{-q^{-p}R}^{q^{-p}R}t^{n-p}d_q x\right| \le 2\int_0^{q^{-p}R}|t|^{n-p}d_q x \le 2(q^{-p}R)^{n-p+1} \le 2q^{-np-p}R^{n-p+1}.$$

Hence,
$$\begin{aligned}
\left|x^p\partial_{q,x}^n\mathcal{F}_q f(x)\right| &\le C(R,p)\left(\frac{R}{q^{p+1}}\right)^n\frac{|(q^{-n},q)_p|}{(1-q)^p} \\
&\le C(R,p)\left(\frac{R}{q^{N+1}}\right)^n\frac{|(q^{-n},q)_N|}{(1-q)^N} \\
&= C(R,p)q^{\frac{N(N-1)}{2}}\left(\frac{R}{q^{2N+1}}\right)^n\frac{(q^n,q^{-1})_N}{(1-q)^N}.
\end{aligned}$$

Thus, by taking $a = \dfrac{R}{q^{2N+1}}$, and $C_{a,N} = q^{\frac{N(N-1)}{2}}\displaystyle\sum_{p=0}^{N}\frac{N!}{p!(N-p)!}C(R,p)$,
we obtain
$$\left|\partial_{q,x}^n\mathcal{F}_q(x)\right|(1+|x|)^N \le C_{a,N}a^n\frac{1}{A_{n,N,q}},$$

which proves that $\mathcal{F}_q(f) \in pw_q^N$.

Real Paley-Wiener theorems for the modified q-Mellin transform

In this Chapter, we introduce and study a q-analogue of the modified Mellin transform, that will be called modified q-Mellin transform. In particular, we prove for this new transform a Plancheral formula and a Hausdorff-Young inequality. Next, inspired by the ideas developed in [29], we establish for the modified q-Mellin transform some real Paley-Wiener theorems.

This Chapter is organized as follows: in Section 2, we introduce the modified q-Mellin transform and we prove a Plancheral formula and a Hausdorff-Young inequality. In Section 3, we establish a relation between the support of a function f on $\mathbb{R}_{q,+}$ and differentiability properties of its modified q-Mellin transform. We investigate then the support of a function only in terms of its q-Mellin transform, using real variable techniques.

4.1 The q-Mellin transform

4.1.1 Definition and definition domain

Using the q-Jackson's integral, the q-Mellin transform of a function f on $\mathbb{R}_{q,+}$ is defined in [6], by

$$M_q(f)(s) = M_q[f(t)](s) = \int_0^\infty t^{s-1} f(t) d_q t. \tag{4.1.1}$$

It is a periodic function, with period $\dfrac{2i\pi}{\text{Log} q}$.

Remark 4.1.1. i) It is easy to see that for a suitable function f, $M_q(f)(s)$ tends to $M(f)(s)$ as q tends to 1.

ii) There exists a (possibly empty) maximal open vertical strip in which the q-integral (4.1.1) is well defined. We denote by $\langle \alpha_{q,f}, \beta_{q,f} \rangle$ such a strip and it will be called fundamental strip. Most functions have an order at 0 and ∞ so that an existence of (4.1.1) can be guaranteed.

Proposition 4.1.1. *Let f be a function defined over $\mathbb{R}_{q,+}$ and $u, v \in \mathbb{R}$ with $u > v$. We suppose that*

$$f(x) = O_{0^+}(x^u) \quad and \quad f(x) = O_{+\infty}(x^v). \tag{4.1.2}$$

Then $M_q(f)(s)$ exists in the strip $\langle -u, -v \rangle$.

Proof.

Let $s = \sigma + it \in \langle -u, -v \rangle$, so $\sigma + u > 0$, $\sigma + v < 0$ and the series $\displaystyle\sum_{n \geq 0} q^{n(u+\sigma)}$ and $\displaystyle\sum_{n \leq 0} q^{n(v+\sigma)}$ converge. Hence the hypothesis (4.1.2) implies that the series $\displaystyle\sum_{n \geq 0} q^{ns} f(q^n)$ and $\displaystyle\sum_{n \leq 0} q^{ns} f(q^n)$ converge absolutely and $M_q(f)(s)$ exists. ∎

Remark 4.1.2. In the typical cases, such as $f(x) = (1 + o(1))C_0 x^\alpha$ as $x \to 0^+$ and $f(x) = (1 + o(1))C_\infty x^\beta$ as $x \to \infty$ with $C_0, C_\infty \neq 0$ and $\alpha > \beta$, we have $\alpha_{q,f} = -\alpha$ and $\beta_{q,f} = -\beta$.

Proposition 4.1.2. *It f is a function defined on $\mathbb{R}_{q,+}$, then $M_q(f)$ is analytic on the strip $\langle \alpha_{q,f}, \beta_{q,f} \rangle$ and we have*

$$\forall s \in \langle \alpha_{q,f}, \beta_{q,f} \rangle, \quad \frac{d}{ds} M_q(f)(s) = M_q[Log(t)f(t)](s). \qquad (4.1.3)$$

4.1.2 Properties

In the following subsection, we give some interesting properties of the q-Mellin transform, which coincide with the classical ones when q tends to 1.

Property 1: For $a \in \mathbb{R}_{q,+}$ and $s \in \langle \alpha_{q,f}, \beta_{q,f} \rangle$, we have

$$M_q [f(at)] (s) = a^{-s} M_q(f)(s).$$

Property 2: For $s \in \langle -\beta_{q,f}, -\alpha_{q,f} \rangle$, we have

$$M_q \left[f(\frac{1}{t}) \right] (s) = M_q(f)(-s).$$

Property 3: For $s \in \langle 1 - \beta_{q,f}, 1 - \alpha_{q,f} \rangle$, we have

$$M_q \left[\frac{1}{t} f(\frac{1}{t}) \right] (s) = M_q(f)(1 - s).$$

Property 4: For $s \in \langle \alpha_{q,f}, \beta_{q,f} \rangle$, we have

$$M_q [tD_q f(t)] (s) = [-s]_q M_q(f)(s).$$

Property 5: For $s \in \langle \alpha_{q,f} + 1, \beta_{q,f} + 1 \rangle$, we have

$$M_q [D_q f(t)] (s) = [1 - s]_q M_q(f)(s - 1).$$

By induction, we obtain that for $n \in \mathbb{N}^*$ and $s \in \langle \alpha_{q,f} + n, \beta_{q,f} + n \rangle$, we have

$$M_q \left[D_q^n f(t) \right] (s) = [1 - s]_q [2 - s]_q ... [n - s]_q M_q(f)(s - n).$$

Property 6: For $s \in \langle \alpha_{q,f} + 1, \beta_{q,f} + 1 \rangle$, we have

$$M_q \left[D_q^+ f(t) \right] (s) = -[s - 1]_q M_q(f)(s - 1).$$

By induction, we obtain that for $n \in \mathbb{N}^*$ and $s \in \langle \alpha_{q,f} + n, \beta_{q,f} + n \rangle$, we have

$$M_q[(D_q^+)^n f(t)](s) = (-1)^n \frac{\Gamma_q(s)}{\Gamma_q(s - n)} M_q(f)(s - n).$$

Property 7: For $s \in \langle \alpha_{q,f} - 1, \beta_{q,f} - 1 \rangle$, we have

$$M_q \left[\int_0^t f(t) d_q x \right] (s) = \frac{1}{[-s]_q} M_q(f)(s + 1).$$

Property 8: Given $\rho > 0$ and $s \in \langle \rho \alpha_{q^\rho, f}, \rho \beta_{q^\rho, f} \rangle$, we have

$$M_q[f(t^\rho)](s) = \left[\frac{1}{\rho} \right]_{q^\rho} M_{q^\rho}(f)(\frac{s}{\rho}).$$

Property 9: Let $(\mu_k)_k$ be a sequence of $\mathbb{R}_{q,+}$, $(\lambda_k)_k$ be a sequence of $\mathbb{C}$ and f a suitable function, then, we have

$$M_q \left[\sum_{k=0}^\infty \lambda_k f(\mu_k t) \right] (s) = \left(\sum_{k=0}^\infty \frac{\lambda_k}{\mu_k^s} \right) M_q(f)(s).$$

provided the sums converge.

The proof of all the previous properties are easily established by the use of the definition of the q-Mellin transform and the properties of the q-Jackson integral mentioned before.

Proposition 4.1.3. *(see [6]) For* $c \in \langle \alpha_{q,f}; \beta_{q,f} \rangle \cap \langle 1 - \beta_{q,g}; 1 - \alpha_{q,g} \rangle$, *we have*

$$\frac{Log(q)}{2i\pi(1-q)} \int_{c-i\frac{\pi}{Log_{(q)}}}^{c+i\frac{\pi}{Log_{(q)}}} M_q(f)(s) M_q(g)(1-s) ds = \int_0^\infty f(x) g(x) d_q x.$$

$$(4.1.4)$$

4.2 Modified q-Mellin transform

Notation. The notation $L_q^p(\mathbb{R}_{q,+})$ will stand for the Banach space induced by the norm $\|f\|_{L_q^p(\mathbb{R}_{q,+})} = \left(\int_0^\infty |f(t)|^p d_q t \right)^{\frac{1}{p}}$ and in the presence of a weight, we will write $\|f\|_{L_q^p(\mathbb{R}_{q,+},w(t)d_q t)} = \left(\int_0^\infty |f(t)|^p w(t) d_q t \right)^{\frac{1}{p}}$.

Definition 4.2.1. Let f be a function defined on $\mathbb{R}_{q,+}$. We define the modified q-Mellin transform $M_{q,\gamma}(f)$, $\gamma \in \mathbb{R}$, of f as

$$M_{q,\gamma}(f)(x) = \int_0^\infty t^{\gamma+ix-1} f(t) d_q t, \quad x \in \mathbb{R}, \quad (4.2.1)$$

provided the q-integral converges.

It is clear that $M_{q,\gamma}(f)$ is the restriction of the q-Mellin transform of f on $\gamma + i\mathbb{R}$. So, $M_{q,\gamma}(f)$ is defined on $\mathbb{R}$ if and only if γ is a real in the fundamental strip of $M_q(f)$. In the sequel, we assume that this condition holds. Moreover, it is a periodic function, with period $\frac{2\pi}{Logq}$.

Theorem 4.2.1. *Let f be a function defined on $\mathbb{R}_{q,+}$ such that $t^{\gamma-1}f(t) \in L_q^1(\mathbb{R}_{q,+})$. Then $M_{q,\gamma}(f) \in L^\infty \left(\left[\frac{\pi}{Logq}, -\frac{\pi}{Logq} \right], dx \right)$ and*

$$\|M_{q,\gamma}(f)\|_{L^\infty\left(\left[\frac{\pi}{Log_q},-\frac{\pi}{Log_q}\right],dx\right)} \leq \|t^{\gamma-1}f(t)\|_{L_q^1(\mathbb{R}_{q,+})}. \quad (4.2.2)$$

Proof.
For all $x \in \left[\frac{\pi}{Logq}, -\frac{\pi}{Logq} \right]$, we have

$$|M_{q,\gamma}(f)(x)| = \left| \int_0^\infty t^{\gamma+ix-1} f(t) d_q t \right| \leq \int_0^\infty t^{\gamma-1} |f(t)| d_q t = \|t^{\gamma-1} f(t)\|_{L^1_q(\mathbb{R}_{q,+})}.$$

∎

Theorem 4.2.2. *(Plancheral formula)*

Let f be a function defined on $\mathbb{R}_{q,+}$ such that $t^{\gamma-1/2} f(t) \in L^2_q(\mathbb{R}_{q,+})$. Then $M_{q,\gamma}(f)$ is in $L^2\left(\left[\dfrac{\pi}{Logq}, -\dfrac{\pi}{Logq}\right], dx\right)$ and

$$\left(\frac{Logq}{2\pi(q-1)}\right)^{\frac{1}{2}} \|M_{q,\gamma}(f)\|_{L^2\left(\left[\frac{\pi}{Log_q}, -\frac{\pi}{Log_q}\right], dx\right)} = \|t^{\gamma-1/2} f(t)\|_{L^2_q(\mathbb{R}_{q,+})}.$$

$$(4.2.3)$$

Proof.

Using (4.1.4) and the fact

$$\forall \lambda \in \mathbb{C}, \quad M_q[t^\lambda f(t)](s) = M_q(f)(\lambda + s),$$

we obtain

$$\begin{aligned}
\int_0^{+\infty} |f(x)|^2 x^{2\gamma-1} d_q x &= \int_0^{+\infty} f(x)\overline{f}(x) x^{2\gamma-1} d_q x \\
&= \frac{Logq}{2i\pi(1-q)} \int_{\gamma-i\frac{\pi}{Logq}}^{\gamma+i\frac{\pi}{Logq}} M_q(f)(s) M_q(\overline{f})(2\gamma - s) ds \\
&= \frac{Logq}{2\pi(1-q)} \int_{-\frac{\pi}{Log_q}}^{\frac{\pi}{Log_q}} M_q(f)(\gamma + it) M_q(\overline{f})(\gamma - it) dt \\
&= \frac{Logq}{2\pi(1-q)} \int_{-\frac{\pi}{Log_q}}^{\frac{\pi}{Log_q}} |M_{q,\gamma}(f)(t)|^2 dt.
\end{aligned}$$

Thus,

$$\|x^{\gamma-1/2} f\|_{L^2_q(\mathbb{R}_{q,+})} = \left(\frac{Logq}{2\pi(q-1)}\right)^{1/2} \|M_{q,\gamma}(f)\|_{L^2\left(\left[\frac{\pi}{Log_q}, -\frac{\pi}{Log_q}\right], dx\right)}.$$

∎

We are now in a situation to state a Hausdorff-Young inequality for the modified q-Mellin transform.

Theorem 4.2.3. *(Hausdorff-Young inequality)*

Let f be a function defined on $\mathbb{R}_{q,+}$ and $1 < n \leq 2$ (resp. $n = 1$) such that $t^{\gamma - \frac{1}{n}} f(t) \in L_q^n(\mathbb{R}_{q,+})$. Then for $m = \dfrac{n}{n-1}$ (resp. $m = \infty$), we have $M_{q,\gamma}(f) \in L^m\left(\left[\dfrac{\pi}{Logq}, -\dfrac{\pi}{Logq}\right], dx\right)$ and

$$\|M_{q,\gamma}(f)\|_{L^m\left(\left[\frac{\pi}{Log_q}, -\frac{\pi}{Log_q}\right], dx\right)} \leq C(q,n) \|t^{\gamma - \frac{1}{n}} f(t)\|_{L_q^n(\mathbb{R}_{q,+})}. \quad (4.2.4)$$

Proof.

Consider the linear operator T defined by, $T(f) = M_{q,\gamma}(t^{-\gamma} f)$.

From Theorem 4.2.1, we have for all $f \in L_q^1(\mathbb{R}_{q,+}, \frac{d_q x}{x})$,

$$\|T(f)\|_{L^\infty\left(\left[\frac{\pi}{Log_q}, -\frac{\pi}{Log_q}\right], dx\right)} \leq \|f\|_{L_q^1(\mathbb{R}_{q,+}, \frac{d_q x}{x})}$$

and from Theorem 4.2.2, we have for all $f \in L_q^2(\mathbb{R}_{q,+}, \frac{d_q x}{x})$,

$$\|T(f)\|_{L^2\left(\left[\frac{\pi}{Log_q}, -\frac{\pi}{Log_q}\right], dx\right)} = \left(\frac{Logq}{2\pi(q-1)}\right)^{-\frac{1}{2}} \|f\|_{L_q^2(\mathbb{R}_{q,+}, \frac{d_q x}{x})}.$$

So, by the Riesz-Thorin interpolation theorem (see [10] and [27]), we obtain the result with $C(q,n) = \left(\dfrac{Logq}{2\pi(q-1)}\right)^{\frac{1-n}{n}}$. ∎

4.3 Paley-Wiener theorems for the modified q-Mellin transform

From (4.1.3), one can see that $M_{q,\gamma}(f)$ is a C^∞-function on $\mathbb{R}$ and for all $x \in \mathbb{R}$ and all $n \in \mathbb{N}$, we have

$$\frac{d^n}{dx^n} M_{q,\gamma}(f)(x) = M_{q,\gamma}[(i \text{ Log} t)^n f(t)](x).$$

Then, for a polynomial function $P(x)$, we have

$$P\left(-i\frac{d}{dx}\right) M_{q,\gamma}(f)(x) = M_{q,\gamma}\left[P(\text{ Log} t)f(t)\right](x). \qquad (4.3.1)$$

For a real positive number r, we put

$$\Omega_{P,r} = \{t > 0 : |P(\text{ Log}(t))| \leq r\}.$$

We begin by the following useful lemma.

Lemma 4.3.1. *Let $p > 0$, F and Q be two functions defined on $\mathbb{R}_{q,+}$, such that $Q^n F \in L_q^p(\mathbb{R}_{q,+})$ for all $n = 0, 1, 2, ...,$ then*

$$\lim_{n \to +\infty} \|Q^n F\|_{L_q^p(\mathbb{R}_{q,+})}^{\frac{1}{n}} = \sup_{t \in supp(F) \cap \mathbb{R}_{q,+}} |Q(t)|.$$

Proof.

The case $F = 0$ is trivial, since in this case $supp(F) = \emptyset$. Suppose now that $F \neq 0$ and define a measure μ on $\mathbb{R}_{q,+}$ by

$$d\mu = \|F\|_{L_q^p(\mathbb{R}_{q,+})}^{-p} |F(x)|^p d_q x.$$

We have : $\mu(\mathbb{R}_{q,+}) = 1$ and

$$\|Q^n F\|_{L_q^p(\mathbb{R}_{q,+})}^{\frac{1}{n}} = \|F\|_{L_q^p(\mathbb{R}_{q,+})}^{\frac{1}{n}} \|Q\|_{L_q^{pn}(\mathbb{R}_{q,+},d\mu)}.$$

On the other hand, we have

$$\lim_{n \to +\infty} \|Q\|_{L_q^{pn}(\mathbb{R}_{q,+},d\mu)} = \|Q\|_{L_q^\infty(\mathbb{R}_{q,+},d\mu)}$$

and

$$\|Q\|_{L_q^\infty(\mathbb{R}_{q,+},d\mu)} = \sup_{t\in supp(\mu)} |Q(t)| = \sup_{t\in supp(F)\cap\mathbb{R}_{q,+}} |Q(t)|.$$

Then, the result follows from the fact that $\lim_{n\to+\infty} \|F\|_{L_q^p(\mathbb{R}_{q,+})}^{\frac{1}{n}} = 1.$ ∎

Theorem 4.3.1. *Let f be a function defined on $\mathbb{R}_{q,+}$ such that $(1 + |Logt|)^k t^{\gamma-1/2} f(t) \in L_q^2(\mathbb{R}_{q,+})$ for all $k = 0, 1, 2....$ Then*

$$\lim_{k\to+\infty} \left\| P^k\left(-i\frac{d}{dx}\right) M_{q,\gamma}(f)\right\|_{L^2\left(\left[\frac{\pi}{Log_q},-\frac{\pi}{Log_q}\right],dx\right)}^{1/k} = \sup_{t\in supp(f)\cap\mathbb{R}_{q,+}} |P(Logt)|.$$

$$(4.3.2)$$

In particular, $supp(f)\cap\mathbb{R}_{q,+} \subset \Omega_{P,r}$ if and only if

$$\lim_{k\to+\infty} \left\| P^k\left(-i\frac{d}{dx}\right) M_{q,\gamma}(f)\right\|_{L^2\left(\left[\frac{\pi}{Log_q},-\frac{\pi}{Log_q}\right],dx\right)}^{1/k} \le r. \qquad (4.3.3)$$

Proof.

On the one hand, from the relation (4.3.1) and the Plancheral formula, we have

$$\left(\frac{Logq}{2\pi(q-1)}\right)^{\frac{1}{2}} \left\| P^k\left(-i\frac{d}{dx}\right) M_{q,\gamma}(f)\right\|_{L^2\left(\left[\frac{\pi}{Logq},-\frac{\pi}{Logq}\right],dx\right)} = \|t^{\gamma-1/2}P^k(Logt)f(t)\|_{L_q^2(\mathbb{R}_{q,+})}.$$

On the other hand, Lemma 5.3.1 gives

$$\lim_{k\to+\infty} \left\| P^k\left(-i\frac{d}{dx}\right) M_{q,\gamma}(f)\right\|_{L^2\left(\left[\frac{\pi}{Log_q},-\frac{\pi}{Log_q}\right],dx\right)}^{1/k} = \lim_{k\to+\infty} \|t^{\gamma-1/2}P^k(Logt)f(t)\|_{L_q^2(\mathbb{R}_{q,+})}^{1/k}$$
$$= \sup_{t\in supp(t^{\gamma-1/2}f)\cap\mathbb{R}_{q,+}} |P(Logt)|$$
$$= \sup_{t\in supp(f)\cap\mathbb{R}_{q,+}} |P(Logt)|.$$

Finally, the fact that $supp(f)\cap\mathbb{R}_{q,+} \subset \Omega_{P,r}$ if and only if

$$\sup_{t\in supp(f)\cap\mathbb{R}_{q,+}} |P(Logt)| \le r$$

completes the proof. ∎

In the particular case $P(t) = t$, we have the following result.

Corollary 4.3.1. *A function F is the modified q-Mellin transform $M_{q,\gamma}(f)$ of a function $f \in L_q^2(\mathbb{R}_{q,+})$ with support in the interval $[e^{-r}, e^r]$ if and only if $\dfrac{d^k}{dx^k} F \in L^2\left(\left[\dfrac{\pi}{Logq}, -\dfrac{\pi}{Logq}\right], dx\right)$ for all $k = 0, 1, \ldots$ and*

$$\lim_{k \to +\infty} \left\|\frac{d^k}{dx^k} F(x)\right\|_{L^2\left(\left[\frac{\pi}{Logq}, -\frac{\pi}{Logq}\right], dx\right)}^{1/k} \leq r.$$

Owing to the Hausdorff-Young inequality, the previous theorem can be generalized by the substitution of the L^2 norm by an L^p norm, $2 \leq p \leq \infty$. This is the aim of the following result.

Theorem 4.3.2. *For $2 \leq p \leq \infty$, we have for all polynomial function P with real coefficients*

$$\lim_{k \to +\infty} \left\|P^k\left(-i\frac{d}{dx}\right) M_{q,\gamma}(f)\right\|_{L^p\left(\left[\frac{\pi}{Log_q}, -\frac{\pi}{Log_q}\right], dx\right)}^{1/k} = \sup_{t \in supp(f) \cap \mathbb{R}_{q,+}} |P(\,Logt\,)|.$$

$$(4.3.4)$$

Proof.

For $2 \leq p \leq \infty$, we note p' its conjugate number (**i.e.** $\dfrac{1}{p} + \dfrac{1}{p'} = 1$).

If $2 \leq p < \infty$, then from the Hausdorff-Young inequality and the relation (4.3.1), we have

$$\left\|P^k\left(-i\frac{d}{dx}\right) M_{q,\gamma}(f)\right\|_{L^p\left(\left[\frac{\pi}{Log_q}, -\frac{\pi}{Log_q}\right], dx\right)} \leq C(q, p)\|P^k(Logt)t^{\gamma - 1/p'} f(t)\|_{L_q^{p'}(\mathbb{R}_{q,+})}.$$

So, by Lemma 5.3.1, we get

$$\limsup_{k \to +\infty} \left\| P^k \left(-i\frac{d}{dx} \right) M_{q,\gamma}(f) \right\|_{L^p \left(\left[\frac{\pi}{\text{Log}_q}, -\frac{\pi}{\text{Log}_q} \right], dx \right)}^{1/k}$$

$$\leq \limsup_{k \to +\infty} C(q,p)^{1/k} \| P^k(\text{Log}t)t^{\gamma-1/p'} f(t) \|_{L_q^{p'}(\mathbb{R}_{q,+})}^{1/k}$$

$$= \sup_{t \in supp \ (t^{\gamma-1/p'} f) \cap \mathbb{R}_{q,+}} |P(\text{Log}t)| = \sup_{t \in supp(f) \cap \mathbb{R}_{q,+}} |P(\text{Log}t)|.$$

$$(4.3.5)$$

If $p = \infty$, then we have from Theorem 4.2.1 and the Hölder's inequality

$$\| M_{q,\gamma}(f) \|_{L^\infty \left(\left[\frac{\pi}{\text{Log}_q}, -\frac{\pi}{\text{Log}_q} \right], dx \right)} \leq \| t^{\gamma-1} f \|_{L_q^1(\mathbb{R}_{q,+})}$$

$$= \int_0^\infty (1+t^2)^{-1} |(1+t^2)t^{\gamma-1} f(t)| d_q t$$

$$\leq \| (1+t^2)^{-1} \|_{L_q^2(\mathbb{R}_{q,+})} \| (1+t^2)t^{\gamma-1} f(t) \|_{L_q^2(\mathbb{R}_{q,+})}$$

$$\leq C \| (1+t^2)t^{\gamma-1} f(t) \|_{L_q^2(\mathbb{R}_{q,+})}.$$

Therefore,

$$\left\| P^k \left(-i\frac{d}{dx} \right) M_{q,\gamma}(f) \right\|_{L^\infty \left(\left[\frac{\pi}{\text{Log}_q}, -\frac{\pi}{\text{Log}_q} \right], dx \right)} \leq C \| P^k(\text{Log}t)(1+t^2)t^{\gamma-1} f(t) \|_{L_q^2(\mathbb{R}_{q,+})}.$$

Also, the use of Lemma 5.3.1 gives

$$\limsup_{k \to +\infty} \left\| P^k \left(-i\frac{d}{dx} \right) M_{q,\gamma}(f) \right\|_{L^\infty \left(\left[\frac{\pi}{\text{Log}_q}, -\frac{\pi}{\text{Log}_q} \right], dx \right)}^{1/k} \leq \sup_{t \in supp \ (1+t^2)t^{\gamma-1} f \cap \mathbb{R}_{q,+}} |P(\text{Log}t)|$$

$$= \sup_{t \in supp(f) \cap \mathbb{R}_{q,+}} |P(\text{Log}t)|.$$

$$(4.3.6)$$

On the other hand, since $M_{q,\gamma}(f)$ is a $\dfrac{2\pi}{\text{Log}q}$ periodic function, then some integrations by parts give

$$\int_{\frac{\pi}{\text{Log}_q}}^{-\frac{\pi}{\text{Log}_q}} P^k\left(-i\frac{d}{dx}\right) M_{q,\gamma}(f)(t) P^k\left(i\frac{d}{dx}\right) \overline{M_{q,\gamma}(f)(t)} dt =$$

$$\int_{\frac{\pi}{\text{Log}_q}}^{-\frac{\pi}{\text{Log}_q}} \overline{M_{q,\gamma}(f)(t)} P^{2k}\left(-i\frac{d}{dx}\right) M_{q,\gamma}(f)(t) dt.$$

So, by the Hölder's inequality, we obtain

$$\left\| P^k\left(-i\frac{d}{dx}\right) M_{q,\gamma}(f) \right\|_{L^2\left(\left[\frac{\pi}{\text{Log}_q},-\frac{\pi}{\text{Log}_q}\right],dx\right)}^2 \leq$$

$$\left\| M_{q,\gamma}(f) \right\|_{L^{p'}\left(\left[\frac{\pi}{\text{Log}_q},-\frac{\pi}{\text{Log}_q}\right],dx\right)} \left\| P^{2k}\left(-i\frac{d}{dx}\right) M_{q,\gamma}(f) \right\|_{L^p\left(\left[\frac{\pi}{\text{Log}_q},-\frac{\pi}{\text{Log}_q}\right],dx\right)}$$

$$(4.3.7)$$

But, from Theorem 4.2.3, we have

$$\sup_{t \in supp f \cap \mathbb{R}_{q,+}} |P(\text{Log} t)| = \lim_{k \to +\infty} \left\| P^k\left(-i\frac{d}{dx}\right) M_{q,\gamma}(f) \right\|_{L^2\left(\left[\frac{\pi}{\text{Log}_q},-\frac{\pi}{\text{Log}_q}\right],dx\right)}^{1/k}$$

$$\leq \lim_{k \to +\infty} \left\| M_{q,\gamma}(f) \right\|_{L^{p'}\left(\left[\frac{\pi}{\text{Log}_q},-\frac{\pi}{\text{Log}_q}\right],dx\right)}^{1/2k} \liminf_{k \to +\infty} \left\| P^{2k}\left(-i\frac{d}{dx}\right) M_{q,\gamma}(f) \right\|_{L^p\left(\left[\frac{\pi}{\text{Log}_q},-\frac{\pi}{\text{Log}_q}\right],dx\right)}^{1/2k}$$

$$= \liminf_{k \to +\infty} \left\| P^{2k}\left(-i\frac{d}{dx}\right) M_{q,\gamma}(f) \right\|_{L^p\left(\left[\frac{\pi}{\text{Log}_q},-\frac{\pi}{\text{Log}_q}\right],dx\right)}^{1/2k}.$$

Now, replacing $M_{q,\gamma}(f)$ by $P(-i\frac{d}{dx})M_{q,\gamma}(f)$ in formula (4.3.7), we obtain

$$\left\| P^{k+1}\left(-i\frac{d}{dx}\right) M_{q,\gamma}(f) \right\|_{L^2\left(\left[\frac{\pi}{\text{Log}q},-\frac{\pi}{\text{Log}q}\right],dx\right)}^2 \leq$$

$$\left\| P\left(-i\frac{d}{dx}\right) M_{q,\gamma}(f) \right\|_{L^{p'}\left(\left[\frac{\pi}{\text{Log}_q},-\frac{\pi}{\text{Log}_q}\right],dx\right)} \left\| P^{2k+1}\left(-i\frac{d}{dx}\right) M_{q,\gamma}(f) \right\|_{L^p\left(\left[\frac{\pi}{\text{Log}_q},-\frac{\pi}{\text{Log}_q}\right],dx\right)}.$$

Therefore

$$
\sup_{t \in supp f \cap \mathbb{R}_{q,+}} |P(\, \mathrm{Log} t)| = \lim_{k \to +\infty} \left\| P^{k+1}\left(-i\frac{d}{dx}\right) M_{q,\gamma}(f) \right\|_{L^2\left(\left[\frac{\pi}{\mathrm{Log}_q}, -\frac{\pi}{\mathrm{Log}_q}\right], dx\right)}^{\frac{1}{k+1}}
$$

$$
= \lim_{k \to +\infty} \left\| P^{k+1}\left(-i\frac{d}{dx}\right) M_{q,\gamma}(f) \right\|_{L^2\left(\left[\frac{\pi}{\mathrm{Log}_q}, -\frac{\pi}{\mathrm{Log}_q}\right], dx\right)}^{\frac{2}{2k+1}}
$$

$$
\leq \lim_{k \to +\infty} \| M_{q,\gamma}(f) \|_{L^{p'}\left(\left[\frac{\pi}{\mathrm{Log}_q}, -\frac{\pi}{\mathrm{Log}_q}\right]\right)}^{1/2k+1} \liminf_{k \to +\infty} \left\| P^{2k+1}\left(-i\frac{d}{dx}\right) M_{q,\gamma}(f) \right\|_{L^p\left(\left[\frac{\pi}{\mathrm{Log}_q}, -\frac{\pi}{\mathrm{Log}_q}\right], dx\right)}^{1/2k+1}
$$

$$
= \liminf_{k \to +\infty} \left\| P^{2k+1}\left(-i\frac{d}{dx}\right) M_{q,\gamma}(f) \right\|_{L^p\left(\left[\frac{\pi}{\mathrm{Log}_q}, -\frac{\pi}{\mathrm{Log}_q}\right], dx\right)}^{1/2k+1}.
$$

Thus,

$$
\liminf_{k \to +\infty} \left\| P^k\left(-i\frac{d}{dx}\right) M_{q,\gamma}(f) \right\|_{L^p\left(\left[\frac{\pi}{\mathrm{Log}_q}, -\frac{\pi}{\mathrm{Log}_q}\right], dx\right)}^{1/k} \geq \sup_{t \in supp(f) \cap \mathbb{R}_{q,+}} |P(\, \mathrm{Log} t)|.
$$

Finally, the result follows from this relation and formulas (5.2.10) and (4.3.6). ∎

Sobolev type spaces associated with the q-Rubin's operator

In this Chapter, we introduce and study some q-Sobolev type spaces by using the harmonic analysis associated with the q-Rubin operator. In particular, embedding theorems for these spaces are established. Next, we introduce the q-Rubin potential spaces and study some of its properties.

5.1 Introduction

In classical analysis, Sobolev spaces are vector spaces whose elements are functions defined on domains in n-dimensional Euclidean space $\mathbb{R}^n$ and whose partial derivatives satisfy certain integrability conditions. Their uses and the study of their properties were facilitated by the theory of distributions and Fourier analysis. For instance, the Sobolev space $W^s(\mathbb{R})$, $s \in \mathbb{R}$, is defined by the use of the classical Fourier transform as the set of all tempered distributions u with classical Fourier transform $\mathcal{F}(u)$ satisfying

$$(1 + |\xi|^2)^{\frac{s}{2}} \mathcal{F}(u) \in L^2(\mathbb{R}).$$

Generalization of the Sobolev spaces have been studied by replacing the classical Fourier transform by a generalized one. As far as we know, in the literature, except [22], there is no paper concerning generalizations of Sobolev spaces in the context of q-differential-difference operators. This paper is an attempt to fill this gap by studying the generalized Sobolev spaces associated with the q-Rubin's operator. The main tools in this study are some elements of the q-Rubin-Fourier harmonic analysis. Next, we introduce and study the q-Rubin potential spaces.

The present chapter is organized as follows: Section 2 is devoted to introduce and study the Sobolev type spaces associated with the q-Rubin operator by using some elements of harmonic analysis associated with the q-Rubin operator. Some embedding theorem are established. In Section 3, we introduce the q-Rubin potential spaces and study some of their properties.

5.2 q-Sobolev spaces

In this Section, we establish the main properties of the Sobolev spaces associated with the q-Rubin operator.

Definition 5.2.1. For $s \in \mathbb{R}$, we define the Sobolev space $\mathcal{W}_q^s(\mathbb{R}_q)$ as

$$\mathcal{W}_q^s(\mathbb{R}_q) = \left\{ u \in \mathcal{S}'_q(\mathbb{R}_q) : (1 + |\xi|^2)^{\frac{s}{2}} \mathcal{F}_q(u) \in L_q^2(\mathbb{R}_q) \right\}.$$

We provide $\mathcal{W}_q^s(\mathbb{R}_q)$ with the scalar product

$$\langle u, v \rangle_s = \int_{-\infty}^{\infty} (1 + |\xi|^2)^s \mathcal{F}_q(u)(\xi) \overline{\mathcal{F}_q(v)(\xi)} d_q \xi$$

and the norm

$$\|u\|_{\mathcal{W}_q^s(\mathbb{R}_q)} := \left(\int_{-\infty}^{\infty} (1 + |\xi|^2)^s |\mathcal{F}_q(u)(\xi)|^2 d_q \xi \right)^{\frac{1}{2}}. \tag{5.2.1}$$

Remark 5.2.1. Let $u \in \mathcal{W}_q^s(\mathbb{R}_q)$. Then, using the relations (??) and (5.2.1), and the change of variables $\xi = -t$, we obtain

$$\int_{-\infty}^{\infty} (1 + |\xi|^2)^s |\mathcal{F}_q(u)(\xi)|^2 d_q \xi = \int_{-\infty}^{\infty} (1 + |t|^2)^s |\mathcal{F}_q(\overline{u})(t)|^2 d_q t.$$

Then, $\overline{u} \in \mathcal{W}_q^s(\mathbb{R}_q)$ and $\|\overline{u}\|_{\mathcal{W}_q^s(\mathbb{R}_q)} = \|u\|_{\mathcal{W}_q^s(\mathbb{R}_q)}$.

Proposition 5.2.1.

i) For all $s \in \mathbb{R}$, we have

$$\mathcal{S}_q(\mathbb{R}_q) \subset \mathcal{W}_q^s(\mathbb{R}_q).$$

ii) We have

$$\mathcal{W}_q^0(\mathbb{R}_q) = L_q^2(\mathbb{R}_q).$$

iii) For all s_1, s_2 in $\mathbb{R}$, such that $s_1 \geq s_2$, the space $\mathcal{W}_q^{s_1}(\mathbb{R}_q)$ is continuously contained in $\mathcal{W}_q^{s_2}(\mathbb{R}_q)$.

Proof.

i) and ii) are immediately from the definition of the generalized Sobolev space.

iii) Let $s_1, s_2 \in \mathbb{R}$ such that $s_1 > s_2$ and $u \in \mathcal{W}_q^{s_1}(\mathbb{R}_q)$.

Then,

$$\forall \xi \in \mathbb{R}_q, \quad (1 + |\xi|^2)^{s_2} \leq (1 + |\xi|^2)^{s_1}$$

and

$$\int_{-\infty}^{\infty} \left| (1 + |\xi|^2)^{s_2} \mathcal{F}_q(u)(\xi) \right|^2 d_q \xi \leq \int_{-\infty}^{\infty} \left| (1 + |\xi|^2)^{s_1} \mathcal{F}_q(u)(\xi) \right|^2 d_q \xi < \infty.$$

So, $u \in \mathcal{W}_q^{s_2}(\mathbb{R}_q)$ and $\|u\|_{\mathcal{W}_q^{s_2}(\mathbb{R}_q)} \leq \|u\|_{\mathcal{W}_q^{s_1}(\mathbb{R}_q)}$.

Then, the space $\mathcal{W}_q^{s_1}(\mathbb{R}_q)$ is continuously contained in $\mathcal{W}_q^{s_2}(\mathbb{R}_q)$.

■

Proposition 5.2.2. *The space $\mathcal{W}_q^s(\mathbb{R}_q)$ provided with the norm $\|.\|_{\mathcal{W}_q^s(\mathbb{R}_q)}$ is a Banach space.*

Proof.

Let $(u_n)_{n \in \mathbb{N}}$ be a Cauchy sequence in $\mathcal{W}_q^s(\mathbb{R}_q)$. Then, from the definition of the norm $\|.\|_{\mathcal{W}_q^s(\mathbb{R}_q)}$, it is easy to see that $(\mathcal{F}_q(u_n))_n$ is a Cauchy sequence in $L^2(\mathbb{R}_q, (1 + |\xi|^2)^s d_q \xi)$.

But $L^2(\mathbb{R}_q, (1 + |\xi|^2)^s d_q \xi)$ is complete, then there exists a function u in $L^2(\mathbb{R}_q, (1 + |\xi|^2)^s d_q \xi)$ such that

$$\lim_{n \to +\infty} \|\mathcal{F}_q(u_n) - u\|_{L^2(\mathbb{R}_q, (1+|\xi|^2)^s d_q \xi)} = 0. \tag{5.2.2}$$

Then $u \in \mathcal{S}_q'(\mathbb{R}_q)$ and from Proposition 2.5.5, we obtain

$$v = (\mathcal{F}_q)^{-1}(u) \in \mathcal{S}_q'(\mathbb{R}_q).$$

So, $\mathcal{F}_q(v) = u \in L^2(\mathbb{R}_q, (1 + |\xi|^2)^s d_q \xi)$, which proves that $v \in \mathcal{W}_q^s(\mathbb{R}_q)$.

Furthermore, using the relation (5.2.2), we get:

$$\lim_{n \to +\infty} \|u_n - v\|_{\mathcal{W}_q^s(\mathbb{R}_q)} = \lim_{n \to +\infty} \|\mathcal{F}_q(u_n) - u\|_{L^2(\mathbb{R}_q, (1+|\xi|^2)^s d_q \xi)} = 0.$$

Hence, $\mathcal{W}_q^s(\mathbb{R}_q)$ is complete. ∎

Lemma 5.2.1. *(Convexity)*

Let $s_1, s_2 \in \mathbb{R}$, such that $s_1 < s_2$ and $s = (1 - t)s_1 + ts_2$, $t \in]0,1[$. Then we have

$$\forall \, u \in \mathcal{W}_q^{s_2}(\mathbb{R}_q), \quad \|u\|_{\mathcal{W}_q^s(\mathbb{R}_q)} \leq \|u\|_{\mathcal{W}_q^{s_1}(\mathbb{R}_q)}^{1-t} \times \|u\|_{\mathcal{W}_q^{s_2}(\mathbb{R}_q)}^t \tag{5.2.3}$$

Proof.

Let $s_1, s_2 \in \mathbb{R}$, such that $s_1 < s_2$ and $s = (1 - t)s_1 + ts_2$, $t \in]0,1[$.

Let $u \in \mathcal{W}_q^{s_2}(\mathbb{R}_q)$. Then,

$$
\begin{aligned}
\|u\|_{\mathcal{W}_q^s(\mathbb{R}_q)}^2 &= \int_{-\infty}^{\infty} |(1 + |\xi|^2)^s \mathcal{F}_q(u)(\xi)|^2 \, d_q \xi \\
&= \int_{-\infty}^{\infty} \left| (1 + |\xi|^2)^{s_1(1-t)} \mathcal{F}_q(u)(\xi) \right|^{2(1-t)} \left| (1 + |\xi|^2)^{s_2 t} \mathcal{F}_q(u)(\xi) \right|^{2t} \, d_q \xi.
\end{aligned}
$$

Then, using the Hölder's inequality, we get

$$
\begin{aligned}
\|u\|_{\mathcal{W}_q^s(\mathbb{R}_q)}^2 &\leq \left[\int_{-\infty}^{\infty} |(1 + |\xi|^2)^{s_1} \mathcal{F}_q(u)(\xi)|^2 d_q \xi \right]^{1-t} \\
&\quad \times \left[\int_{-\infty}^{\infty} |(1 + |\xi|^2)^{s_2} \mathcal{F}_q(u)(\xi)|^2 d_q \xi \right]^t \\
&\leq \|u\|_{\mathcal{W}_q^{s_1}(\mathbb{R}_q)}^{2(1-t)} \times \|u\|_{\mathcal{W}_q^{s_2}(\mathbb{R}_q)}^{2t}.
\end{aligned}
$$

∎

Proposition 5.2.3. *Let s_1, s, s_2 be three real numbers, satisfying $s_1 < s < s_2$. Then, for all $\varepsilon > 0$, there exists a nonnegative constant C_ε such that for all $u \in \mathcal{W}_q^s(\mathbb{R}_q)$, we have*

$$\|u\|_{\mathcal{W}_q^s(\mathbb{R}_q)} \leq C_\varepsilon \|u\|_{\mathcal{W}_q^{s_1}(\mathbb{R}_q)} + \varepsilon \|u\|_{\mathcal{W}_q^{s_2}(\mathbb{R}_q)}. \tag{5.2.4}$$

Proof.

Let $s_1, s, s_2 \in \mathbb{R}$, $s_1 < s_2$ and $s \in]s_1, s_2[$. Then there exists $t \in]0, 1[$ such that $s = (1-t)s_1 + ts_2$. From the previous lemma and using $\left(\varepsilon^{\frac{-t}{1-t}}\right)^{1-t}.\varepsilon^t = 1$, we get for $u \in \mathcal{W}_q^s(\mathbb{R}_q)$,

$$
\begin{aligned}
\|u\|_{\mathcal{W}_q^s(\mathbb{R}_q)} &\leq \|u\|_{\mathcal{W}_q^{s_1}(\mathbb{R}_q)}^{1-t} \|u\|_{\mathcal{W}_q^{s_2}(\mathbb{R}_q)}^{t} \\
&= \left(\varepsilon^{-\frac{t}{1-t}}\|u\|_{\mathcal{W}_q^{s_1}(\mathbb{R}_q)}\right)^{1-t} \left(\varepsilon\|u\|_{\mathcal{W}_q^{s_2}(\mathbb{R}_q)}\right)^{t}.
\end{aligned}
$$

So from the fact,

$$\forall a, b > 0, \quad a^t b^{1-t} \leq a + b,$$

we obtain

$$\|u\|_{\mathcal{W}_q^s(\mathbb{R}_q)} \leq \varepsilon^{-\frac{t}{1-t}}\|u\|_{\mathcal{W}_q^{s_1}(\mathbb{R}_q)} + \varepsilon\|u\|_{\mathcal{W}_q^{s_2}(\mathbb{R}_q)}.$$

This completes the proof by taking $C_\varepsilon = \varepsilon^{-\frac{t}{1-t}} = \varepsilon^{\frac{s-s_1}{s-s_2}}$. ∎

A characterization of $\mathcal{W}_q^s(\mathbb{R}_q)$, for $s = m$, a positive integer, is given below.

Proposition 5.2.4. *Let* $m \in \mathbb{N}$. *Then*

$$\mathcal{W}_q^m(\mathbb{R}_q) = \left\{ u \in \mathcal{S}_q'(\mathbb{R}_q) : \mathcal{F}_q(\partial_q^j u) \in L_q^2(\mathbb{R}_q), \ 0 \leq j \leq m \right\}.$$

Proof.

Let $u \in \mathcal{W}_q^m(\mathbb{R}_q)$. Then, using the formula (2.5.17), we obtain

$$\mathcal{F}_q(\partial_q^j u) = (-i\lambda)^j \mathcal{F}_q(u), \ 0 \leq j \leq m \tag{5.2.5}$$

and

$$
\begin{aligned}
\forall \, 0 \leq j \leq m, \quad \int_{-\infty}^{\infty} |\mathcal{F}_q(\partial_q^j u)(\xi)|^2 d_q\xi &= \int_{-\infty}^{\infty} |(-i\xi)^j \mathcal{F}_q(u)(\xi)|^2 d_q\xi \\
&\leq \int_{-\infty}^{\infty} (1+|\xi|^2)^{\frac{j}{2}} |\mathcal{F}_q(u)(\xi)|^2 d_q\xi \\
&\leq \int_{-\infty}^{\infty} (1+|\xi|^2)^{\frac{m}{2}} |\mathcal{F}_q(u)(\xi)|^2 d_q\xi \\
&< \infty.
\end{aligned}
$$

So,

$$\mathcal{F}_q(\partial_q^j u) \in L_q^2(\mathbb{R}_q), \ 0 \leq j \leq m.$$

Hence,

$$\mathcal{W}_q^m(\mathbb{R}_q) \subset \left\{ u \in \mathcal{S}_q'(\mathbb{R}_q) : \mathcal{F}_q(\partial_q^j u) \in L_q^2(\mathbb{R}_q), \ 0 \leq j \leq m \right\}.$$

Conversely, assume that

$$\mathcal{F}_q(\partial_q^j u) \in L_q^2(\mathbb{R}_q), 0 \leq j \leq m.$$

It is easy to see that there exists a positive constant C such that

$$(1+|\xi|^2)^{\frac{m}{2}} \leq C \sum_{j=0}^{m} |\xi|^j.$$

Then using the formula (5.2.5), we obtain

$$
\begin{aligned}
\int_{-\infty}^{\infty} |(1+|\xi|^2)^{\frac{m}{2}} \mathcal{F}_q(u)(\xi)|^2 d_q\xi &\leq C \sum_{k=0}^{m} \int_{-\infty}^{\infty} |(-i\xi)^j \mathcal{F}_q(u)(\xi)|^2 d_q\xi \\
&= C \sum_{k=0}^{m} \int_{-\infty}^{\infty} |\mathcal{F}_q(\partial_q^j u)(\xi)|^2 d_q\xi < \infty.
\end{aligned}
$$

Hence

$$u \in \mathcal{W}_q^m(\mathbb{R}_q).$$

Finally, we obtain

$$\left\{ u \in \mathcal{S}_q'(\mathbb{R}_q) : \mathcal{F}_q(\partial_q^j u) \in L_q^2(\mathbb{R}_q), \ 0 \leq j \leq m \right\} \subset \mathcal{W}_q^m(\mathbb{R}_q).$$

This leads to the result. ∎

Using the q-Plancherel theorem, we obtain the following result. For $m \in \mathbb{N}$, we have

$$\mathcal{W}_q^m(\mathbb{R}_q) = \left\{ f \in L_q^2(\mathbb{R}_q) : \partial_q^j f \in L_q^2(\mathbb{R}_q) \ j = 0, ..., m. \right\}$$

Proposition 5.2.5. *Let $s \in \mathbb{R}_q$ and $p \in \mathbb{N}$ such that $s > \dfrac{1}{2} + p$. Then, we have $\mathcal{W}_q^s(\mathbb{R}_q) \subset C_q^p(\mathbb{R}_q)$.*

Proof.

Let $s \in \mathbb{R}$ such that $s > \dfrac{1}{2} + p$ and $u \in \mathcal{W}_q^s(\mathbb{R}_q)$. Then, for $0 \leq n \leq p$, we have

$$\int_{-\infty}^{\infty} |\lambda^n \mathcal{F}_q(u)(\lambda)| d_q \lambda = \int_{-\infty}^{\infty} |\lambda^n (1 + |\lambda|^2)^{-\frac{s}{2}} (1 + |\lambda|^2)^{\frac{s}{2}} \mathcal{F}_q(u)(\lambda)| d_q \lambda.$$

Using the Cauchy-Schwarz inequality, we deduce that

$$\int_{-\infty}^{\infty} |\lambda^n \mathcal{F}_q(u)(\lambda)| d_q \lambda \leq \left(\int_{-\infty}^{\infty} \left(\lambda^n (1 + |\lambda|^2)^{-\frac{s}{2}} \right)^2 d_q \lambda \right)^{\frac{1}{2}}$$
$$\times \left(\int_{-\infty}^{\infty} \left[(1 + |\lambda|^2)^{\frac{s}{2}} |\mathcal{F}_q(u)(\lambda)| \right]^2 d_q \lambda \right)^{\frac{1}{2}}. \tag{5.2.6}$$

Since $s > \dfrac{1}{2} + p$ and $u \in \mathcal{W}_q^s(\mathbb{R}_q)$, then for all $0 \leq n \leq p$, we have

$$C_{q,n} = \left(\int_{-\infty}^{\infty} \left(\lambda^n (1 + |\lambda|^2)^{-\frac{s}{2}} \right)^2 d_q \lambda \right)^{\frac{1}{2}} < \infty$$

and

$$\int_{-\infty}^{\infty} |\lambda^n \mathcal{F}_q(u)(\lambda)| d_q \lambda < \infty.$$

So,

$$\lambda^n \mathcal{F}_q(u)(\lambda) \in L_q^1(\mathbb{R}_q) \quad \text{for all} \quad 0 \leq n \leq p.$$

In particular $\mathcal{F}_q(u) \in L_q^1(\mathbb{R}_q)$. Then, from (2.5.7), we have

$$u(x) = K \int_{-\infty}^{\infty} \mathcal{F}_q(u)(\lambda) e(ix\lambda; q^2) d_q \lambda, \quad x \in \mathbb{R}_q. \tag{5.2.7}$$

The q-derivation under the q-integral sign gives

$$\forall 0 \leq n \leq p, \quad \forall x \in \mathbb{R}_q, \quad \partial_q^n u(x) = K \int_{-\infty}^{\infty} (i\lambda)^n \mathcal{F}_q(u)(\lambda) e(ix\lambda; q^2) d_q \lambda. \tag{5.2.8}$$

Then since $\lambda^n \mathcal{F}_q(u) \in L_q^1(\mathbb{R}_q)$, the inequality (2.3.8), the Lebesgue theorem and Theorem 2.5.1 show that $\partial_q^n u$ is continuous on $\tilde{\mathbb{R}}_q$ for all $0 \leq n \leq p$.

So $u \in C_q^P(\mathbb{R}_q)$. This shows that $\mathcal{W}_q^s(\mathbb{R}_q) \subset C_q^p(\mathbb{R}_q)$, which completes the proof. ∎

Theorem 5.2.1. *For all $s \in (0,1)$, we have*

$$\mathcal{W}_q^s(\mathbb{R}_q) = \left\{ f \in L_q^2(\mathbb{R}_q) : \int_{-\infty}^{\infty} \left(\int_{-\infty}^{\infty} \frac{|(f - \tau_{q,x} f)(\xi)|^2}{|x|^{1+2s}} d_q x \right) d_q \xi < \infty \right\},$$

where $\tau_{q,x}$ is the q-translation operator defined by (4.3.7).

Proof.

Since $0 < s < 1$, then

$$\forall \xi \in \mathbb{R}, \ \max(1, |\xi|^s) \leq (1 + |\xi|^2)^{\frac{s}{2}} \leq 1 + |\xi|^s.$$

So,

$$\mathcal{W}_q^s(\mathbb{R}_q) = \left\{ f \in L_q^2(\mathbb{R}_q) : |\xi|^s \mathcal{F}_q(f) \in L_q^2(\mathbb{R}_q) \right\}.$$

Put,

$$I_{q,s} = \int_{-\infty}^\infty \frac{|1 - e(it; q^2)|^2}{|t|^{1+2s}} d_q t.$$

Since $s \in (0, 1)$, then the relation (2.3.8) and the fact that

$$0 < \frac{|1 - e(it; q^2)|^2}{|t|^{1+2s}} \underset{t \to 0}{\sim} \frac{1}{|t|^{2s-1}}$$

imply that

$$0 < I_{q,s} < \infty.$$

Using the change of variables $t = \xi x$, we get

$$I_{q,s} = |\xi|^{-2s} \int_{-\infty}^\infty \frac{|1 - e(ix\xi; q^2)|^2}{|x|^{1+2s}} d_q x. \tag{5.2.9}$$

Now, let $f \in L_q^2(\mathbb{R}_q)$, then by the relation (5.2.9), we get for all $\xi \in \mathbb{R}_q$,

$$|\xi|^{2s} |\mathcal{F}_q(f)(\xi)|^2 = \frac{1}{I_{q,s}} \int_{-\infty}^\infty \frac{|\mathcal{F}_q(f)(\xi) - \mathcal{F}_q(f)(\xi)e(ix\xi; q^2)|^2}{|x|^{1+2s}} d_q x.$$

Then, form the relation (2.5.11), we deduce that

$$|\xi|^{2s} |\mathcal{F}_q(f)(\xi)|^2 = \frac{1}{I_{q,s}} \int_{-\infty}^\infty \frac{|\mathcal{F}_q(f - \tau_{q,x} f)(\xi)|^2}{|x|^{1+2s}} d_q x.$$

So, by q-integration, we obtain

$$\int_{-\infty}^\infty |\xi|^{2s} |\mathcal{F}_q(f)(\xi)|^2 d_q \xi = \frac{1}{I_{q,s}} \int_{-\infty}^\infty \int_{-\infty}^\infty \frac{|\mathcal{F}_q(f - \tau_{q,x} f)(\xi)|^2}{|x|^{1+2s}} d_q x d_q \xi.$$

Hence, by Fubini's theorem and Plancherel formula, we obtain

$$
\begin{aligned}
\int_{-\infty}^\infty |\xi|^{2s} |\mathcal{F}_q(f)(\xi)|^2 d_q \xi &= \frac{1}{I_{q,s}} \int_{-\infty}^\infty \frac{1}{|x|^{1+2s}} \left(\int_{-\infty}^\infty |\mathcal{F}_q(f - \tau_{q,x} f)(\xi)|^2 d_q \xi \right) d_q x \\
&= \frac{1}{I_{q,s}} \int_{-\infty}^\infty \frac{1}{|x|^{1+2s}} \left(\int_{-\infty}^\infty |(f - \tau_{q,x} f)(\xi)|^2 d_q \xi \right) d_q x \\
&= \frac{1}{I_{q,s}} \int_{-\infty}^\infty \left(\int_{-\infty}^\infty \frac{|(f - \tau_{q,x} f)(\xi)|^2}{|x|^{1+2s}} d_q x \right) d_q \xi.
\end{aligned}
$$

This leads to the desired result. ∎

notation. 5.2.1. *For all $s \in \mathbb{R}$, we denote by $\left(\mathcal{W}_q^s(\mathbb{R}_q) \right)'$ the topological dual of $\mathcal{W}_q^s(\mathbb{R}_q)$.*

Theorem 5.2.2. *Let $s \in \mathbb{R}$. Then, every tempered distribution $u \in \mathcal{W}_q^s(\mathbb{R}_q)$ extends uniquely to a continuous linear form L_u on $\left(\mathcal{W}_q^{-s}(\mathbb{R}_q), \|.\|_{\mathcal{W}_q^{-s}(\mathbb{R}_q)} \right).$*

Proof.

For all $\varphi \in \mathcal{S}_q(\mathbb{R}_q)$ and $u \in \mathcal{W}_q^s(\mathbb{R}_q)$, we have

$$
\begin{aligned}
\langle u, \varphi \rangle &= \langle \mathcal{F}_q(u), \mathcal{F}_q^{-1}(\varphi) \rangle \\
&= \int_{-\infty}^{\infty} \mathcal{F}_q(u)(\lambda) \mathcal{F}_q(\varphi)(-\lambda) d_q\lambda \\
&= \int_{-\infty}^{\infty} \left(1 + |\lambda|^2\right)^{\frac{s}{2}} \mathcal{F}_q(u)(\lambda) \left(1 + |\lambda|^2\right)^{-\frac{s}{2}} \mathcal{F}_q(\varphi)(-\lambda) d_q\lambda.
\end{aligned}
$$

By using Cauchy-Schwarz's inequality, we obtain for all $\varphi \in \mathcal{S}_q(\mathbb{R}_q)$

$$
\begin{aligned}
|\langle u, \varphi \rangle| &\leq \left(\int_{-\infty}^{\infty} \left(1 + |\lambda|^2\right)^{s} |\mathcal{F}_q(u)(\lambda)|^2 \, d_q\lambda \right)^{\frac{1}{2}} \cdot \left(\int_{-\infty}^{\infty} \left(1 + |\lambda|^2\right)^{-s} |\mathcal{F}_q(\varphi)(\lambda)|^2 \, d_q\lambda \right)^{\frac{1}{2}} \\
&\leq \|u\|_{\mathcal{W}_q^s(\mathbb{R}_q)} \|\varphi\|_{\mathcal{W}_q^{-s}(\mathbb{R}_q)}.
\end{aligned}
$$

Since $\mathcal{S}_q(\mathbb{R}_q)$ is a subspace of $\mathcal{W}_q^{-s}(\mathbb{R}_q)$, we deduce by the Hahn-Banach theorem [5] that u extends uniquely to a continuous linear form L_u on $\mathcal{W}_q^{-s}(\mathbb{R}_q)$. Moreover, we have

$$
\|L_u\|_{\left(\mathcal{W}_q^{-s}(\mathbb{R}_q)\right)'} \leq \|u\|_{\mathcal{W}_q^s(\mathbb{R}_q)}.
$$

■

Theorem 5.2.3. *Let $s \in \mathbb{R}$. Then the map*

$$
\chi : \mathcal{W}_q^{-s}(\mathbb{R}_q) \longrightarrow \left(\mathcal{W}_q^s(\mathbb{R}_q)\right)'
$$

$$
u \longmapsto L_u
$$

is an isometric isomorphism.

Proof.

The linearity of χ is a direct consequence of the uniqueness of the extension of each $u \in \mathcal{W}_q^{-s}(\mathbb{R}_q)$ in a continuous linear form

$$
L_u = \chi(u) \in \left(\mathcal{W}_q^s(\mathbb{R}_q)\right)'
$$

It remains to show that χ is a bijective isometry.

Let $L \in \left(\mathcal{W}_q^s(\mathbb{R}_q)\right)'$ be a continuous linear form on $\mathcal{W}_q^s(\mathbb{R}_q)$, then by the Riesz theorem [5], there exists a unique $v \in \mathcal{W}_q^s(\mathbb{R}_q)$ such that

$$
\|v\|_{\mathcal{W}_q^s(\mathbb{R}_q)} = \|L\|_{\left(\mathcal{W}_q^s(\mathbb{R}_q)\right)'} \tag{5.2.10}
$$

and

$$
\tag{5.2.11}
$$

$$
\begin{aligned}
\forall \phi \in \mathcal{W}_q^s(\mathbb{R}_q), L(\phi) &= \langle \phi, v \rangle_s \\
&= \int_{-\infty}^{\infty} \left(1 + |\lambda|^2\right)^{s} \mathcal{F}_q(\phi)(\lambda) \overline{\mathcal{F}_q(v)(\lambda)} d_q\lambda \\
&= \left\langle \left(1 + |\lambda|^2\right)^{s} \overline{\mathcal{F}_q(v)}, \mathcal{F}_q(\phi) \right\rangle.
\end{aligned}
$$

In particular, for all $\varphi \in \mathcal{S}_q(\mathbb{R}_q)$, we get

$$
\begin{aligned}
L(\varphi) &= \left\langle \left(1 + |\lambda|^2\right)^s \overline{\mathcal{F}_q(v)}, \mathcal{F}_q(\varphi) \right\rangle \\
&= \left\langle \mathcal{F}_q\left(\left(1 + |\lambda|^2\right)^s \overline{\mathcal{F}_q(v)}\right), \varphi \right\rangle \\
&= \langle u, \varphi \rangle,
\end{aligned}
$$

where

$$
u = \mathcal{F}_q\left(\left(1 + |\lambda|^2\right)^s \overline{\mathcal{F}_q(v)}\right).
$$

Using (??), we get

$$
\left(1 + |\lambda|^2\right)^{\frac{-s}{2}} \mathcal{F}_q(\overline{u}) = \left(1 + |\lambda|^2\right)^{\frac{s}{2}} \mathcal{F}_q(v).
$$

So, since $v \in \mathcal{W}_q^s(\mathbb{R}_q)$, we deduce that $\overline{u} \in \mathcal{W}_q^{-s}(\mathbb{R}_q)$ and by using the relation (5.2.10), we get

$$
\|\overline{u}\|_{\mathcal{W}_q^{-s}(\mathbb{R}_q)} = \|v\|_{\mathcal{W}_q^s(\mathbb{R}_q)} = \|L\|_{\left(\mathcal{W}_q^s(\mathbb{R}_q)\right)'}.
$$

Hence, from Remark 5.2.1, we obtain $u \in \mathcal{W}_q^{-s}(\mathbb{R}_q)$ and

$$
\|u\|_{\mathcal{W}_q^{-s}(\mathbb{R}_q)} = \|\overline{u}\|_{\mathcal{W}_q^{-s}(\mathbb{R}_q)} = \|L\|_{\left(\mathcal{W}_q^s(\mathbb{R}_q)\right)'}.
$$

This proves that χ is effectively an isometric isomorphism from $\mathcal{W}_q^{-s}(\mathbb{R}_q)$ onto $\left(\mathcal{W}_q^s(\mathbb{R}_q)\right)'$. Its inverse is given by

$$
\chi^{-1}(L) = \mathcal{F}_q\left(\left(1 + |\lambda|^2\right)^s \overline{\mathcal{F}_q(v)}\right),
$$

where v is the unique q-tempered distribution in $\mathcal{W}_q^s(\mathbb{R}_q)$ satisfying the relation (5.2.10) and (5.2.11). ∎

5.3 Generalized Potential spaces

Definition 5.3.1. For $s \in \mathbb{R}$, we define the generalized q-potential of order s, as follows

$$
\mathcal{P}_q^s(u) = (\mathcal{F}_q)^{-1}\left[(\lambda^2 + 1)^{-s/2}\mathcal{F}_q(u)(\lambda)\right], \quad u \in \mathcal{S}_q'(\mathbb{R}_q). \tag{5.3.1}
$$

Lemma 5.3.1. Let $f \in \mathcal{S}_q'(\mathbb{R}_q)$. Then

$$
\mathcal{P}_q^s \mathcal{P}_q^t(f) = \mathcal{P}_q^{s+t}(f), \quad s, t \in \mathbb{R} \tag{5.3.2}
$$

and

$$
\mathcal{P}_q^0(f) = f. \tag{5.3.3}
$$

Proof.

By definition,

$$
(\mathcal{P}_q^t f)(x) = (\mathcal{F}_q)^{-1}\left[(\lambda^2 + 1)^{-t/2}\mathcal{F}_q(f)(\lambda)\right](x). \tag{5.3.4}
$$

Then,

$$\mathcal{P}_q^s \mathcal{P}_q^t f(x) = (\mathcal{F}_q)^{-1} \left[(\lambda^2 + 1)^{-s/2} (\lambda^2 + 1)^{-t/2} \mathcal{F}_q(f)(\lambda) \right](x)$$

$$= (\mathcal{F}_q)^{-1} \left[(\lambda^2 + 1)^{-(s+t)/2} \mathcal{F}_q(f)(\lambda) \right](x) \tag{5.3.5}$$

$$= (\mathcal{P}_q^{s+t}) f(x)$$

On the other hand, $\mathcal{P}_q^0 f(x) = (\mathcal{F}_q)^{-1} (\mathcal{F}_q(f))(x) = f(x)$. ∎

Remark 5.3.1. From the lemma, it is clear that for all $s \in \mathbb{R}$, $\mathcal{P}_q^s$ is bijective on $\mathcal{S}'_q(\mathbb{R}_q)$ and $(\mathcal{P}_q^s)^{-1} = \mathcal{P}_q^{-s}$.

Definition 5.3.2. For $s \in \mathbb{R}$, we define the generalized potential space as

$$\mathfrak{C}_q^s(\mathbb{R}_q) := \{ \phi \in \mathcal{S}'_q(\mathbb{R}_q) : \mathcal{P}_q^{-s}(\phi) \in L_q^2(\mathbb{R}_q) \}. \tag{5.3.6}$$

The norm on $\mathfrak{C}_q^s(\mathbb{R}_q)$ is given by

$$\|\phi\|_{\mathfrak{C}_q^s(\mathbb{R}_q)} = \|\mathcal{P}_q^{-s}(\phi)\|_{2,q}. \tag{5.3.7}$$

Lemma 5.3.2. *The generalized q-potential $\mathcal{P}_q^t$ is an isometry of $\mathfrak{C}_q^s(\mathbb{R}_q)$ onto $\mathfrak{C}_q^{s+t}(\mathbb{R}_q)$, satisfying*

$$\|\mathcal{P}_q^t \phi\|_{\mathfrak{C}_q^{s+t}(\mathbb{R}_q)} = \|\phi\|_{\mathfrak{C}_q^s(\mathbb{R}_q)}, \quad \phi \in \mathfrak{C}_q^s(\mathbb{R}_q). \tag{5.3.8}$$

Proof.

Let $\phi \in \mathfrak{C}_q^s(\mathbb{R}_q)$. By Definition 5.3.1 and Lemma 5.3.1, we have

$$\|\mathcal{P}_q^t \phi\|_{\mathfrak{C}_q^{s+t}(\mathbb{R}_q)} = \|\mathcal{P}_q^{-s-t} \mathcal{P}_q^t \phi\|_{2,q} = \|\mathcal{P}_q^{-s} \phi\|_{2,q} = \|\phi\|_{\mathfrak{C}_q^s(\mathbb{R}_q)}. \tag{5.3.9}$$

Now, let $f \in \mathfrak{C}_q^{s+t}(\mathbb{R}_q)$. Then, $\mathcal{P}_q^{-t} f \in \mathfrak{C}_q^s(\mathbb{R}_q)$ and $\mathcal{P}_q^t \mathcal{P}_q^{-t} f = f$. This achieves the proof. ∎

Proposition 5.3.1. *For $s \in \mathbb{R}$, $\mathfrak{C}_q^s(\mathbb{R}_q)$ is a Banach space.*

Proof.

Let $(\phi_n)_n$ be a Cauchy sequence in $\mathfrak{C}_q^s(\mathbb{R}_q)$. By the definition of $\mathfrak{C}_q^s(\mathbb{R}_q)$ the sequence $\{\mathcal{P}_q^{-s} \phi_n\}$ is a Cauchy sequence in $L_q^2(\mathbb{R}_q)$. As $L_q^2(\mathbb{R}_q)$ is complete, it follows that there exists a function f in $L_q^2(\mathbb{R}_q)$ such that $\{\mathcal{P}_q^{-s} \phi_n\}$ converges to f in $L_q^2(\mathbb{R}_q)$. Thus, it is easy to see that $(\phi_n)_n$ converges to $\phi = \mathcal{P}_q^s(f)$ in $\mathfrak{C}_q^s(\mathbb{R}_q)$. ∎

Proposition 5.3.2. *For $s \in \mathbb{R}$, $\mathcal{S}_q(\mathbb{R}_q)$ is dense in $\mathfrak{C}_q^s(\mathbb{R}_q)$.*

Proof.

Let $f \in \mathfrak{C}_q^s(\mathbb{R}_q)$. Then, $\mathcal{P}_q^{-s} f \in L_q^2(\mathbb{R}_q)$. Since $\mathcal{S}_q(\mathbb{R}_q)$ is dense in $L_q^2(\mathbb{R}_q)$, there exists a sequence $(\phi_j)_j$ in $\mathcal{S}_q(\mathbb{R}_q)$ such that

$$\phi_j \to \mathcal{P}_q^{-s} f \text{ in } L_q^2(\mathbb{R}_q). \tag{5.3.10}$$

From Theorem 2.5.2, we deduce that,

$$\mathcal{F}_q(\phi_j)(\lambda) \in \mathcal{S}_q(\mathbb{R}_q)$$

and then

$$(\lambda^2 + 1)^{-s/2} \mathcal{F}_q(\phi_j)(\lambda) \in \mathcal{S}_q(\mathbb{R}_q).$$

Now, define

$$g_j = \mathcal{P}_q^s \phi_j = (\mathcal{F}_q)^{-1} \left[(\lambda^2 + 1)^{-s/2} \mathcal{F}_q(\phi_j)(\lambda) \right] \quad j \in \mathbb{N}.$$

So, Theorem 2.5.2 leads to

$$g_j = (\mathcal{F}_q)^{-1} \left[(\lambda^2 + 1)^{-s/2} \mathcal{F}_q(\phi_j)(\lambda) \right] \in \mathcal{S}_q(\mathbb{R}_q), \quad j \in \mathbb{N}.$$

Hence, by (5.3.10), we obtain

$$\|f - g_j\|_{\mathcal{C}_q^s(\mathbb{R}_q)} = \left(\int_{-\infty}^{\infty} |\mathcal{P}_q^{-s} f(x) - \mathcal{P}_q^{-s} g_j(x)|^2 d_q x \right)^{1/2}$$

$$= \left(\int_{-\infty}^{\infty} |\mathcal{P}_q^{-s} f(x) - \phi_j(x)|^2 d_q x \right)^{1/2} \to 0, \quad as \quad j \to \infty.$$

■

Proposition 5.3.3. *For $s > 1$, $\mathcal{P}_q^{-s}$ maps $L_q^2(\mathbb{R}_q)$ into $L_q^2(\mathbb{R}_q)$. More precisely there exists $g \in L_q^2(\mathbb{R}_q) \cap L_q^\infty(\mathbb{R}_q)$ such that for all $f \in L_q^2(\mathbb{R}_q)$, we have*

$$\mathcal{P}_q^{-s}(f) = f *_q g \tag{5.3.11}$$

and there exists a positive constant C such that

$$\|\mathcal{P}_q^{-s} f\|_{2,q} \leq C\|f\|_{2,q}. \tag{5.3.12}$$

Proof.

As $s > 1$, the function $\lambda \mapsto (1 + \lambda^2)^{-\frac{s}{2}}$ belongs to $L_q^2(\mathbb{R}_q) \cap L_q^\infty(\mathbb{R}_q)$. Then, using the inversion theorem for the q-Rubin-Fourier transform, we deduce that there exists a function $g \in L_q^2(\mathbb{R}_q)$, such that

$$(1 + \lambda^2)^{-\frac{s}{2}} = \mathcal{F}_q(g)(\lambda). \tag{5.3.13}$$

But $\mathcal{F}_q(g) \in L_q^\infty(\mathbb{R}_q)$, then for all $f \in L_q^2(\mathbb{R}_q)$, $\mathcal{F}_q(g)\mathcal{F}_q(f) \in L_q^2(\mathbb{R}_q)$.

So, for all $f \in L_q^2(\mathbb{R}_q)$, we have $g *_q f \in L_q^2(\mathbb{R}_q)$ and

$$\mathcal{F}_q(g *_q f)(\lambda) = \mathcal{F}_q(g)(\lambda)\mathcal{F}_q(f)(\lambda) = (1 + \lambda^2)^{-\frac{s}{2}} \mathcal{F}_q(f)(\lambda).$$

On the other hand, we have

$$\mathcal{F}_q(\mathcal{P}_q^{-s} f)(\lambda) = (1 + \lambda^2)^{-\frac{s}{2}} \mathcal{F}_q(f)(\lambda). \tag{5.3.14}$$

We conclude by using Proposition 2.5.5 that

$$\mathcal{P}_q^{-s} f = f *_q g. \tag{5.3.15}$$

Finally, applying the Plancherel formula, we obtain

$$\begin{aligned} \|\mathcal{P}_q^{-s} f\|_{2,q} &= \|\mathcal{F}_q(\mathcal{P}_q^{-s} f)\|_{2,q} = \|\mathcal{F}_q(g *_q f)\|_{2,q} = \|\mathcal{F}_q(g)\mathcal{F}_q(f)\|_{2,q} \\ &\leq \|\mathcal{F}_q(g)\|_{\infty,q}\|\mathcal{F}_q(f)\|_{2,q} = \|\mathcal{F}_q(g)\|_{\infty,q}\|f\|_{2,q}. \end{aligned}$$

This completes the proof of the proposition.

■

Proposition 5.3.4. *Let $s,t \in \mathbb{R}$, such that $t > 1 + s$. Then, we have*

$$\mathfrak{C}_q^s(\mathbb{R}_q) \subset \mathfrak{C}_q^t(\mathbb{R}_q). \tag{5.3.16}$$

Moreover, there exits a positive constant C, such that for all $u \in \mathfrak{C}_q^s(\mathbb{R}_q)$

$$\|u\|_{\mathfrak{C}_q^t(\mathbb{R}_q)} \leq C\|u\|_{\mathfrak{C}_q^s(\mathbb{R}_q)}. \tag{5.3.17}$$

Proof.

Let $u \in \mathfrak{C}_q^s(\mathbb{R}_q)$. Then, we have $\mathcal{P}_q^{-s}(u) = f \in L_q^2(\mathbb{R}_q)$. From Lemma 5.3.2 and Proposition 5.3.3, we can write

$$\mathcal{P}_q^{-t}(u) = \mathcal{P}_q^{-t+s}\left(\mathcal{P}_q^{-s}(u)\right) = \mathcal{P}_q^{-t+s}(f) = f *_q g \in L_q^2(\mathbb{R}_q), \tag{5.3.18}$$

where g is such that

$$(1+\lambda^2)^{-\frac{t-s}{2}} = \mathcal{F}_q(g). \tag{5.3.19}$$

So $u \in \mathfrak{C}_q^t(\mathbb{R}_q)$. Furthermore, we have

$$\|u\|_{\mathfrak{C}_q^t(\mathbb{R}_q)} = \|f *_q g\|_{2,q} \leq C\|f\|_{2,q} = C\|u\|_{\mathfrak{C}_q^s(\mathbb{R}_q)}. \tag{5.3.20}$$

∎

66

References

[1] L. D. Abreu, *Real Paley-Wiener theorems for the Koornwinder-Swarttouw q-Hankel transform*, J. Math. Anal. Appl. 334 (2007) 223-231.

[2] N. B. Andersen, *Real Paley-Wiener theorems*, Bull. London Math. Soc. 36, (4), (2004), 504-508.

[3] H. H. Bang, *A property of infinitely differentiable functions*, Proc. Amer. Math. Soc. 108, no 1, (1990), 73-76.

[4] N. Bettaibi and R. Bettaieb, *q-Analogue of the Dunkl Transform on the Real Line*, Tams. Oxford J. of Math. Sc. 25(2) (2009) 178-206.

[5] H. Brezis, *Analyse fonctionnelle. Thorie et applications*, Masson, Milan, Barcelone Bonn, 3eme tirage. 1992.

[6] A. Fitouhi, N. Bettaibi, K. Brahim, *The Mellin transform in Quantum Calculus*, Constructive Approximation, 23 no.3 (2006), 305-323.

[7] A. Fitouhi, L. Dhaoudi, *On a q-Paley-Wiener theorem*, J. Math. Anal. Appl. 294 (2004) 1723.

[8] G. Gasper and M. Rahmen, *Basic Hypergeometric Series*, Encyclopedia of Mathematics and its application, Vol 35 Cambridge Univ. Press, Cambridge, UK, 1990.

[9] G. Gasper, M. Rahmen, *Basic Hypergeometric Series*, 2nd Edition (2004), Encyclopedia of Mathematics and its application, 96, Cambridge Univ. Press, Cambridge, UK.

[10] L. Grafakos, *Classical and Modern Fourier Analysis*, Pearson Education, Inc. 2004, New Jersey.

[11] M. E. H. Ismail, *The zeros of basic Bessel functions, the Function $J_{v+ax}(x)$, and associated orthogonal polynomials*, J. Math. Anal. Appl. **86** (1982), 1–19.

[12] M.E.H. Ismail, *On Jacksons Third q-Bessel Function and q-Exponentials*, Preprint, 2001.

[13] F. H. Jackson, *On q-Definite Integrals*, Quarterly Journal of Pure and Applied Mathematics, 41(1910), 193-203.

[14] F. H. Jackson, *On generalized functions of Legendre and Bessel* Transactions of the Royal Society of Edinburgh, (1904)41: 1-28.

[15] M. de Jeu, *Elementary proof of Paley-Wiener theoreme for the Dunkl transform on the real line*, arXiv:math.CA/0506345, (2005).

[16] V. G. Kac and P. Cheung, *Quantum Calculus*, Universitext, Springer-Verlag, New York, (2002).

[17] H.T. Koelink, *The quantum group of plane motions and the Hahn-Exton q-Bessel function*, Duke Math. J. 76 (1994), 483-508.

[18] T. H. Koornwinder, *q-Special Functions, a Tutorial*, in Deformation theory and quantum groups with applications to mathematical physics, M. Gerstenhaber and J. Stasheff (eds), Contemp. Math. **134**, Amer. Math. Soc., (1992).

[19] T. H. Koornwinder, *Special Functions and q-Commuting Variables*, in Special Functions, q-Series and related Topics, M. E. H. Ismail, D. R. Masson and M. Rahman (eds), Fields Institute Communications **14**, American Mathematical Society, (1997), pp. 131–166; arXiv:q-alg/9608008.

[20] T. H. Koornwinder and R.F. Swarttouw, *On q-Analogues of the Hankel and Fourier transform*, Trans. A.M.S.,1992, 333, 445-461.

[21] R. Paley, N. Wiener, The Fourier Transforms in the Complex Domain, Amer. Math. Soc. Colloq. Publ. Ser., Vol. 19, Providence, RI, 1934.

[22] A. Nemri and B. Selmi, *Sobolev type spaces in quantum calculus*, J. Math. Anal. Appl., 359 (2009), 588-601.

[23] Richard L. Rubin, *A q^2-Analogue Operator for q^2-analogue Fourier Analysis*, J. Math. Analys. App. 212, (1997), 571-582.

[24] Richard L. Rubin, *Duhamel Solutions of non-Homogenous q^2-Analogue Wave Equations*, Proc. of Amer. Math. Soc., V 135, Nr 3, (2007), 777-785.

[25] R. L. Rubin, *Duhamel Solutions of non-Homogenous q^2- Analogue Wave Equations*, Proc. of Amer. Math. Soc. V 135, Nr 3, 2007, 777-785.

[26] F. Ryde, *A contribution to the theory of linear homogeneous geometric difference equations*, (q-difference equations), Dissertation, Lund, 1921.

[27] C. Sadosky, *Intrpolation of Operators and Singular Integrals*, (Monographs and textbooks in pure and applied mathematics, 53), (1979), Marcel Dekker, Inc.

[28] V.K. Tuan, A.I. Zayed, *Paley-Wiener-type theorems for a class of integral transforms*, J. Math. Anal. Appl. 266 (2002) 200226.

[29] V. K. Tuan, *New Type Paley-Wiener Theorems for the Modified Multidimensional Mellin Transform*, J. Fourier Analysis and Appl, V. 4, Issue 3, 1998.

www.ingramcontent.com/pod-product-compliance
Lightning Source LLC
Chambersburg PA
CBHW041312210326
41599CB00003B/83